Programados
para morir

Sobre el libro y el autor

En este libro se describe la teoría general de los Biorritmos. Teoría que plantea alteraciones cíclicas de las facultades personales con posibles influencias en circunstancias de la vida cotidiana y profesional. Incluye un amplio análisis de sucesos y accidentes que relaciona los hechos con los estados físicos, anímicos y mentales de personajes destacados; como artistas, deportistas, políticos, y otros de cierta relevancia mediática que forman parte de un estudio de más de mil quinientos casos realizado entre 2013 y 2018.

El autor, Antonio Miguel Muñoz García (Valencia, 1953), es Programador informático de Bases de datos, Diplomado en Bioquímica cerebral y Neuropsicología educativa, escritor e investigador que ha dedicado muchos años al estudio de experiencias relacionadas con el comportamiento humano y la teoría de los Biorritmos.

Sitio web,
www.antoniomiguel.es

Antonio Miguel Muñoz

Programados para morir

Biorritmos

Ediciones KDP
Independently Published

Programados para morir - Biorritmos
© 2021, Antonio Miguel Muñoz García

KDP Independently Published, 2021
Edición disponible en
www.amazon.com y
www.antoniomiguel.es
ISBN 9798741679579

Diseño gráfico de portada:
Elaboración propia sobre imagen de
Anncapictures, portfolio de Pixabay.
Otras imágenes, créditos en el anexo.

Derechos reservados, no se permite la reproducción total o parcial, salvo breves extractos, sin la autorización del propietario de los derechos.

I Los Biorritmos

1 – Lo que vamos a ver	13
2 – Los Biorritmos, ciclos biológicos	19
3 – El ciclo Físico (Tren Alvia, Santiago, 2013)	29
4 – El ciclo Emocional (Charlotte Dawson, Sídney, 2014)	39
5 – El ciclo Mental (Allan Simonsen, Le Mans, 2013)	45
6 – Cálculo de Biorritmos	51
7 – Combinaciones de los ciclos	61
8 – Las fases críticas	69

II Estudios, más casos

9 – Accidentes personales y profesionales — 79
Caleb More, Philip Seymour, Cory Monteith, Krissy Brown, Prince, Muertes por sobredosis, Alex Angulo, Jackson Vroman, Ena Kadic, Toreros, Iván Fandiño, Wang Jiang.

10 – Suicidios — 103
Manuel Mota, Arpad Miklos, Tera Wray. Mindy MacCready, Lee Thompson, Andreas Biermann, Simone Battle, Andreas Lubitz, Clay Adler, Fidel Castro (hijo).

11 – Infartos y muertes súbitas — 121
Ramón Dekkers, Yair Clavijo, Fallecimientos de deportistas, Paco de Lucía, Emilio Botín, Carme Chacón, Michael Goolaerts.

12 – Primeras conclusiones — 137

III Curiosidades, otros accidentes y muertes misteriosas

13 – Biorritmos y relaciones personales	145
14 – Otros accidentes y muertes misteriosas	149
Alfonso de Borbón y Borbón, Alfonso de Borbón y Dampierre, José Mª Ortega Cano, Alex Casademunt, Accidentes de famosos, Vuelo Spanair MD82, Antonio Flores, Michael Jackson, Francisco Rivera «Paquirri» y Carmen Ordoñez.	
15 – Programados para morir	203

IV Anexos

1 – Sistema de cálculo personal, Biocalendario	213
2 – Listado de casos examinados	221
3 – Referencias informativas y créditos	235
4 – Índice temático	239

*«**Todo fluye, fuera y dentro**, todo tiene sus mareas, todas las cosas suben y bajan. La oscilación del péndulo se manifiesta en todo, la medida de la oscilación hacia la derecha es la medida de la oscilación hacia la izquierda, el ritmo compensa.*

Este principio incorpora la verdad de que en todo hay manifestada una moción medida, a un lado y otro, un flujo y un reflujo, un vaivén hacia atrás y hacia adelante; una mengua y una crecida como una marea, una pleamar y una bajamar entre los dos polos que existen de acuerdo con el principio de polaridad.

Siempre hay una acción y una reacción, un avance y un retroceso, una elevación y un hundimiento. Esto es así en los asuntos del Universo, soles, mundos, hombres, animales, mente, energía y materia.

Esta ley está manifiesta en la creación y destrucción de mundos, en la elevación y caída de naciones, en la vida de todas las cosas, y finalmente en los estados mentales del hombre.»

Principio del Ritmo (El Kybalión)

I
Biorritmos
Ciclos Físico, Emocional y Mental

1
Lo que vamos a ver

Días buenos y malos, Biorritmos, concepto general

Todos somos conscientes de que hay días en los que nos encontramos muy bien, razonamos con lucidez o nos sentimos optimistas, mientras que en otros, sin saber exactamente por qué, puede que nos sintamos algo decaídos, notemos que no estamos en nuestro mejor momento y quizá cometamos algún error en tareas que normalmente dominamos.

Estas alteraciones nos suceden continuamente y la mayoría de las veces, aparte de quizá cierta incomodidad momentánea, es posible que no tengan ninguna consecuencia trascendental en el devenir normal de nuestras vidas. Frecuentemente no se les da importancia, recurrimos a argumentos más bien triviales intentando explicarnos o simplemente admitimos que es normal tener despistes o un mal día, que forma parte de nuestra imperfecta naturaleza. Y esto último es la respuesta más cercana a la realidad, aunque quizás nunca nos habíamos preguntado por la posible regularidad de estos altibajos.

La teoría de los Biorritmos de larga duración que vamos a ver contempla la existencia de ciclos regulares que influyen en nuestros estados físicos, emocionales y mentales. Esta teoría comenzó a desarrollarse con los estudios de varios investigadores del siglo XIX. A través de continuas y minuciosas observaciones del estado de pacientes hospitalizados, así como con el examen de comportamientos humanos y del rendimiento intelectual de estudiantes, dedujeron la existencia de alteraciones regulares en nuestros estados físicos y capacidades personales. Como consecuencia, se fueron estableciendo los tres ciclos que componen la actual teoría de los Biorritmos: Físico, Emocional y Mental.

La teoría estima que estos ciclos afectan con regularidad a las características personales relacionadas con su nombre. De tal forma que la primera parte de cada ciclo es la mejor, una etapa alta y positiva, de optimización de las cualidades personales, y que la segunda parte, llamada baja o negativa, es un periodo con cierta merma de las mismas facultades. La causa de estos cambios parece ser la necesidad periódica de reponer componentes químicos de nuestra biología que influyen en nuestros estados físicos, emocionales y mentales.

Aparte de esta variación cíclica de nuestras facultades, la teoría destaca que en el transcurso del proceso, los días iniciales, centrales y finales de cada ciclo, aquellos en los que se suceden los cambios de etapa —tanto de la fase alta a baja como a la inversa, de la baja a la alta— son especialmente delicados. A estos días se les denomina *días críticos*, pues se caracterizan porque suelen ocasionar algunas alteraciones físicas y psicológicas que pueden influir en decisiones y acciones de trascendencia relevante.

Estos ciclos, no obstante, son todavía un tema controvertido para la ciencia oficial debido a la complejidad de su estudio, tanto de sus influencias como de las causas, cuyo origen parece ser consecuencia de complicados procesos químicos internos propios de nuestra biología. Por nuestra parte, la experiencia apoya la teoría de estos tres ciclos y el estudio que aquí nos ocupa apunta ciertas matizaciones e investiga hasta que punto estos ciclos pueden influir en sucesos de nuestra vida.

Para saber cómo los Biorritmos, la alternancia de sus fases, y especialmente sus procesos de cambio, influyen en nuestras vidas es necesario hacer cuidadosos exámenes que relacionen estados psicológicos, actitudes, decisiones y consecuencias destacadas con el estado de los ciclos personales.

Podrían examinarse los niveles de rendimiento de las facultades físicas y otras cualidades personales o profesionales en función de si tal o cual persona está en fase alta o baja de sus ciclos —lo cual es bastante complejo—, pero otra forma relevante de estudiar la teoría es comprobar cuantos sucesos especialmente destacados sobrevienen en la vida de las personas cuando están en los días más críticos de sus ciclos. La experiencia parece demostrar que muchas fechas de sucesos fatales se encuentran en la zona de influencia de esos días críticos.

En esta parte de la investigación se han revisado los Biorritmos con sucesos protagonizados por personajes públicos, en total más de novecientos casos, recopilados cronológicamente y con la aleatoriedad que supone el tener acceso o no a los datos, entre los años 2013 y 2018. Se incluyeron fallecimientos naturales, así como accidentes personales y profesionales, lo que fundamentalmente destacamos en este volumen, frecuentemente derivados de errores fatales en momentos determinantes, que podrían estar relacionados con los ciclos de sus protagonistas. También el estudio de sucesos relacionados con estados depresivos y de la salud, como suicidios e infartos de corazón. Finalmente, fuera del cómputo estadístico por tratarse de hechos no pertenecientes al periodo de estudio y como curiosidad, hemos analizado la posible influencia de los Biorritmos en algunos otros sucesos y muertes misteriosas de cierta relevancia mediática en los últimos años, obteniendo resultados significativos.

A lo largo del libro iremos examinando todas las cuestiones de esta teoría paso a paso: historia inicial, los ciclos, el cálculo, la representación gráfica, las relaciones personales, el examen de casos acaecidos a destacados personajes públicos, como ejemplos, y un resumen de los resultados.

2
Los Biorritmos
Ciclos biológicos, conceptos generales

Ya sabemos por la experiencia de los años que no siempre nos encontramos en iguales condiciones físicas, anímicas y mentales. Que a veces nos sentimos optimistas, satisfechos, tranquilos y acertados en nuestras decisiones, y que en otras ocasiones un estado de ánimo algo decaído, distracciones, torpezas incomprensibles o irritabilidad pueden sucederse en la vida familiar o laboral. Es decir, tenemos días buenos y otros que no los son tanto.

Sin embargo, la mayoría de nosotros probablemente nunca nos habíamos planteado si estos cambios se producen con cierta regularidad o se suelen deber a alguna causa clásica: la falta de sueño, el cambio climático, la actitud de alguna persona cercana, u otros motivos más particulares. La verdad es que no siempre encontramos razones que justifiquen esa cierta indolencia o decaimiento, el que se suceda una reacción personal irascible o un olvido incomprensible, así como el hecho de que otros días afrontemos la vida con más optimismo y tolerancia, sin importarnos, o sin que nos afecten demasiado los mismos problemas.

El cuerpo humano es un complejo mecanismo en el que se pueden reconocer muchos procesos cíclicos, y la teoría de los Biorritmos nos habla de algunos que pueden ser la causa oculta de cambios en nuestras actitudes y capacidades personales.

En el Universo, en la Naturaleza, todo se sucede de forma cíclica. Esto es algo completamente apreciable a la observación humana, incluso para nuestros más primitivos antepasados, que idearon los relojes de sol y los calendarios, y se refleja en antiguas sabidurías como, por ejemplo, en el *Principio del Ritmo* de *El Kybalión*, que destacamos al inicio del libro. E incluso también en los escritos de poetas o filósofos, como R. W. Emerson, quien dedica atención especial a lo que él llama *Ley de la compensación*:

> La Polaridad, o la acción y la reacción, la encontramos en la Naturaleza, en todas partes: en la oscuridad y la luz; en el calor y el frío; en el flujo y reflujo de las mareas; en el macho y la hembra; la inspiración y la expiración de las plantas y los animales; en la ecuación de la cantidad y la calidad; en los fluidos del cuerpo animal; en la sístole y diástole del corazón; en las ondulaciones del sonido; en la gravedad centrípeta y centrífuga; en la electricidad, el galvanismo y la afinidad química.

La vida en sí misma, la actividad humana, es el resultado de múltiples combinaciones físicas y químicas interactuando en función de procesos cíclicos. Una muestra fácil de esta mecánica cíclica de nuestra naturaleza podemos verla en algunos de los ritmos más básicos a los que nuestro cuerpo está sometido, citados precisamente por Emerson: la respiración (inspiración y expiración) o el latir de corazón (sístole y diástole).

Aunque desde muy antiguo el hombre ha sospechado de la existencia de ritmos que gobiernan nuestras vidas —ya los sabios griegos, especialmente Hipócrates, lo destacaban—, la ciencia que estudia los procesos rítmicos en la vida, la Cronobiología o Biorritmología, en comparación con otras, es bastante reciente, no se estructuró como tal hasta 1960. Y se perfila cada día con más estudios y argumentos como muy importante para tener en cuenta en variadas circunstancias de nuestra vida futura, orientando de forma más eficaz dietas alimenticias, tratamientos médicos, terapias y otras aplicaciones.

Gran parte de nuestros ritmos vitales, que funcionan como relojes biológicos influyendo en aspectos de nuestra existencia, están controlados por el SNC (Sistema Nervioso Central) para coordinarse con otros de generación autónoma en órganos como el corazón, el hígado o los riñones, por ejemplo. No obstante, aún solo conocemos unos pocos de los múltiples ciclos que, de diferentes influencias y duraciones, se generan en el cuerpo humano. Aparte de los más elementales, algunos de los más conocidos y estudiados son los llamados *circadianos*. Ritmos biológicos internos de duraciones cercanas a las veinticuatro horas que tienen que ver con el sueño, la alimentación y otras funciones corporales. Pero se estima que estamos continuamente sometidos a las influencias de ciclos con duraciones de horas, minutos y segundos: *ultradianos*, que son ciclos menores de 24 horas, e *infradianos*, mayores a 24 horas, que pueden durar días o semanas.

Algunos ciclos tienen periodos muy precisos y otros pueden tener ciertas variaciones dentro de una media regular. Así ocurre, por ejemplo, con el ciclo menstrual de la mujer, un ciclo que se repite cada 28 días como media, pero que puede aumentar o disminuir su duración de un mes a otro. Incluso puede tener una alteración importante a consecuencia de influencias externas sobre cuestiones personales como el estrés, y a veces sin ninguna razón aparente.

Además de por las duraciones y sus particulares influencias, los ciclos que gobiernan nuestras vidas se diferencian por el tipo de causas que los generan: *endógenas o exógenas*. Es decir, causas internas o externas. En el caso del ciclo menstrual que acabamos de comentar, ocasionalmente se pueden combinar ambas, las cuestiones biológicas internas y algunas influencias externas. También hay ciclos naturales externos que colaboran en la generación de otros internos. Así pasa con el ciclo externo *día/noche-luz/oscuridad*, que influye en la producción interna de un elemento químico importante: la hormona *melatonina*. Un componente químico que se ha popularizado como responsable importante, entre otras cosas, de la conciliación del sueño. Su proceso puede ayudarnos a comprender como se generan e interrelacionan ciclos en nuestro organismo.

En realidad, la melatonina es una *herramienta*, una más en nuestra compleja mecánica química, que informa al resto del organismo y lo prepara para lo que es más conveniente a su supervivencia en esos momentos. Fundamentalmente comienza a producirse en el cerebro, en la glándula pineal con la luz diurna, aunque también se ha encontrado producción de melatonina en otros órganos del cuerpo, y empieza a liberarse paulatinamente desde el anochecer. Es decir, avisa a los órganos del cuerpo de que el día se acaba y comienza la noche, y los predispone para la relajación y la conciliación del sueño. De esta forma, un ciclo natural externo (día/noche) influye en la generación de un ciclo interno biológico: la producción de melatonina, que afecta a nuestro comportamiento incitándonos al descanso y al sueño.

Probablemente sea difícil encontrar ritmos biológicos endógenos o exógenos totalmente puros, pues aunque todavía hemos de descubrir muchos más, unos suelen terminar interfiriendo en alguna medida sobre otros. No obstante, según las observaciones de algunos investigadores y de nuestras propias experiencias, parecen existir ritmos endógenos muy autónomos con ciclos prácticamente inalterables en su duración e influencias, o con variaciones de tan escaso alcance, que es posible realizar cálculos matemáticos sobre su evolución e influencias en el curso de nuestras vidas. Son los que componen esta teoría de los Biorritmos que vamos a ver, un grupo de tres ciclos infradianos que se inician con el nacimiento y se caracterizan por ser de largas y precisas duraciones.

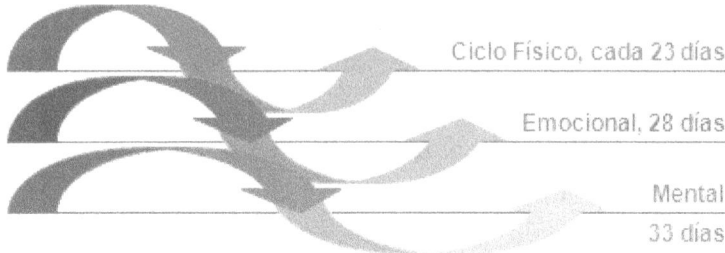

Las primeras observaciones sobre estos ciclos, de las que se tiene noticia, se deben a dos investigadores del siglo XIX. El médico y biólogo alemán Wilhelm Fliess (1858-1928), que advirtió irregularidades periódicas en el tratamiento de sus pacientes, y el doctor Hermann Swoboda (1873-1963), profesor de psicología en la Universidad de Viena, que también indagaba sobre alteraciones rítmicas, al parecer desconociendo los estudios de Fliess y centrando más su atención en los estados emocionales. De las observaciones de ambos se derivan el establecimiento de los dos primeros ciclos: el Físico, de 23 días de duración, y el Emocional, de 28 días.

Posteriormente, en la década de 1920, un profesor austriaco, Alfred Teltseher, se preguntaba si las alteraciones en el rendimiento intelectual de sus estudiantes también podrían deberse a algún proceso cíclico. Pues mientras que en algunos días captaban con facilidad los temas más nuevos o complicados, en otros les notaba una disminución de la capacidad de atención, razonamiento y compresión. Así, Teltseher pensó que tal vez también existía un ciclo relacionado con la actividad mental, un patrón exacto y común para todas las personas. Decidió hacer un largo seguimiento del comportamiento de sus alumnos y llegó a la conclusión de que la capacidad mental fluctuaba en períodos de 33 días, lo que estableció el tercero de este grupo de ciclos, el Mental.

Por otro lado, en Estados Unidos, los doctores Rexford Hersey, de la Universidad de Pensilvania, y Michael John Bennett, del Dortor's Hospital de Filadelfia, realizaron un amplio estudio a una plantilla de trabajadores ferroviarios llegando a la misma conclusión que el ingeniero austriaco.

Desde entonces, a lo largo del siglo XX se han realizado algunos estudios estadísticos sobre sus posibles influencias y se han creado diversos procedimientos de cálculo, sucediéndose etapas de gran popularidad de la teoría. Por nuestra parte, tras muchos años de observación —casi cuarenta— pensamos que la teoría parece correcta. Pero que es compleja su demostración debido a variaciones horarias difíciles de constatar, no contempladas en otros estudios, por un lado, y al hecho de que la mayor o menor influencia de los Biorritmos está estrechamente relacionada con otras causas que forman parte del contexto en el que suceden las cosas. Los Biorritmos no son determinantes en sí mismos, sino intervinientes añadidos. Aunque pueden no tener una influencia concluyente, discurren solapadamente en nuestra actividad cotidiana, y en función de la suma de factores pueden convertirse en colaboradores decisivos.

Una característica de la teoría de los Biorritmos por la que se cuestiona es la relativa al inicio de los ciclos. La teoría establece que los ciclos que la componen se inician en la fecha de nacimiento y se repiten permanentemente durante toda la vida divididos en dos fases, alta o positiva la primera, y baja o negativa la segunda. Pero hemos de tener en cuenta que hasta el día del nacimiento, el niño —el feto—, es un elemento muy dependiente y conjuntado biológicamente con el organismo que le está dando la vida, el de la madre. Por tanto no debe extrañar que durante el embarazo ciertos ritmos biológicos del niño se encuentren anulados o subordinados a los del organismo que lo mantiene hasta el momento del nacimiento.

Por otro lado, el hecho de que estos ciclos se analicen considerando el día de nacimiento como momento de arranque es una conclusión de los investigadores iníciales, así como de experiencias posteriores, derivada de las observaciones de grupos de estudio que confirman tales procesos cíclicos con comienzo, matemáticamente, en la fecha de nacimiento, momento en que se inicia la alternancia de fases altas y bajas. Quizá no sea así para todos los ciclos que gobiernan la biología humana, pero sí para algunos.

A la primera mitad de cada ciclo, que es la fase alta o positiva y que se corresponde con la expresión más optima de las facultades personales en las que influye, se sucede luego, en la segunda mitad, la fase baja o negativa, en la cual nuestras particulares cualidades bajan de nivel. Un descenso debido probablemente al desgaste de ciertos componentes químicos internos como consecuencia de la normal actividad biológica de los días anteriores, lo que obliga a una etapa siguiente con cierta falta de intensidad por la necesaria recomposición de nuestra química interna. En esta alternancia, como hemos comentado, los días de cambio de fase son especialmente delicados, por lo que les llamamos *días críticos*.

Estos días de cambio pueden conllevar cierta inestabilidad y algunas alteraciones de nuestras facultades en lo que es un pequeño proceso transitorio de una fase a otra. Son periodos que, en comparación con el resto de los días del ciclo, suelen afectar en forma intermitente al correcto funcionamiento de nuestro organismo, a juzgar por las frecuentes alteraciones físicas, emocionales y mentales observadas en los estudios de estas cortas etapas.

1ª mitad: Fase Alta, o positiva

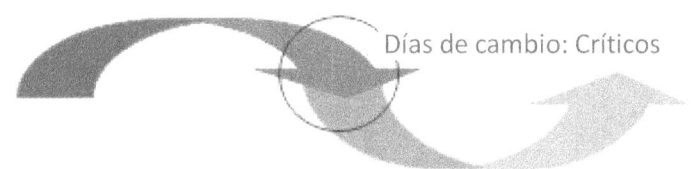

Días de cambio: Críticos

2ª mitad: Fase Baja, o negativa

Investigaciones realizadas, por ejemplo, sobre el ciclo Físico a grupos de estudio, han comprobado cierta torpeza en las reacciones musculares durante los días críticos, incluso más graves que en los días de fase baja. Así mismo, se han observado aumentos de alteraciones cardiacas, depresiones momentáneas de cierta intensidad y errores que han costado la vida de personas o se han traducido en accidentes más o menos graves en función de los riesgos coincidentes con tales fechas.

Respecto a las causas que generan este grupo de tres ciclos, que analizaremos ahora, se observan correspondencias con procesos químicos internos, como alternancias de producciones hormonales, sus efectos y combinaciones, y con las influencias de algunos neurotransmisores.

3
El ciclo Físico
Ciclo de 23 días, 11,5 altos y 11,5 bajos

Cada uno de estos ciclos que vamos a ver, como decíamos, tiene una duración determinada dividida en dos fases, alta y baja. Respecto a las causas químicas internas que por las correspondencias observadas parecen provocarse y su manera de operar en nuestro cuerpo, hay que decir que la alternancia de fases de los Biorritmos no significa necesariamente un máximo nivel de los componentes químicos que influyen en cada ciclo, sino de cierta combinación de los mismos, de una determinada mezcolanza de proporciones.

Existen elementos químicos que actúan como *estimuladores* y otros que operan como *inhibidores*. La acción combinada de unos y otros resulta en formulaciones específicas, en un cierto «estado de cosas» en la mecánica química de nuestro organismo. Podríamos decir que en la creación de una fórmula química que actúa en nuestro cerebro funcionalmente igual que, por ejemplo, una mezcla de estupefacientes. Pero con la diferencia de que tal mezcolanza química, esa fórmula, es una producción natural de nuestro sistema biológico.

El consumo de estupefacientes crea estados internos que son como ciclos artificiales, antinaturales, los cuales interfieren alterando el normal funcionamiento de la química cerebral y terminan dañando nuestro reloj interno, es decir, la evolución normal de nuestros ciclos. Consecuentemente, con el hábito, ello se traduce en alteraciones físicas y psicológicas complicadísimas de resolver luego. En nuestra investigación hemos encontrado muchos ejemplos en los que las fases críticas de los ciclos combinadas con el consumo de drogas han determinado desenlaces fatales.

Tras haberse creado esa fórmula natural, propia de nuestro organismo, una relativa estabilidad de tal estado de cosas mantenida durante cierto periodo de tiempo es lo que constituye la primera fase, la más intensa y positiva, la de mayor y mejor rendimiento de nuestras facultades. Estabilidad que poco a poco se va desgastando hasta perder parte de sus cualidades y para cuya recuperación se requiere de un periodo de tiempo similar, el que constituye la segunda fase.

El ciclo Físico es el primero y más corto de los tres ciclos que componen este grupo. La primera mitad —1º al 12º día— es la fase alta o positiva, en la cual los componentes químicos internos que regulan nuestra funcionalidad física se encuentran en niveles que proporcionan el rendimiento más óptimo.

La segunda mitad —12º al 23º día— se corresponde con la fase baja o negativa del ciclo. Periodo en el que las particulares condiciones físicas bajan de nivel. Por ejemplo, las reacciones musculares, los reflejos, pueden ser algo más lentas.

En las representaciones gráficas, el ciclo Físico habitualmente se destaca con el color rojo y letra «F». En líneas generales, este ciclo puede afectar a las siguientes facultades personales:

Ciclo Físico, cada 23 días

- Estado y rendimiento físico general.
- Vitalidad, fuerza, aguante, reflejos.
- Resistencia ante contagios y enfermedades.
- Sensación de seguridad, decisión, iniciativa.

Características que se optimizan con el inicio de la fase positiva —el periodo de más alto consumo de energía— alcanzando día a día un cierto punto máximo e iniciando después un descenso hasta caer en la fase baja o negativa y en su punto más bajo, para luego comenzar el ascenso hasta llegar al día en que de nuevo se reinicia el ciclo.

Entre los componentes químicos que influyen en el ciclo Físico, se especula con la acción de la *serotonina*. La *amina serotonina* es un neurotransmisor implicado en muchos procesos cerebrales que influye en los músculos, la impulsividad, el sueño o el apetito.

En la fase baja del ciclo Físico se entorpecen los reflejos, esas reacciones musculares que se originan casi automáticamente ante un imprevisto, como un repentino obstáculo, la irrupción de un vehículo a nuestro paso, el intento de protección o agarre en un resbalón, o en el curso de cualquier tipo de acción física de la vida cotidiana que requiera de una pronta reacción. Lo cual también puede afectar en las prácticas deportivas, en procedimientos físicos profesionales, en el manejo de máquinas, de herramientas peligrosas y en la conducción de automóviles.

En este sentido se han realizado experimentos que relacionan reacciones musculares más lentas con la fase baja del ciclo, y especialmente con los días críticos, observándose en grupos de estudio retrasos significativos en la pulsación de botones de control en comparación con la fase positiva. Demoras que pueden ser suficientes para llegar tarde a la activación de elementos de seguridad en vehículos, maquinarias o aparatos eléctricos. Fracciones de segundo que se convierten en diferencia especialmente peligrosa si tenemos en cuenta que a la fase baja del ciclo ha precedido lógicamente la fase alta, en la cual unos mejores tiempos de reacción muscular —los reflejos— han creado durante esos días un hábito basado en referencias mentales de tiempos de reacción y resultados. Unos parámetros memorizados como efectivos que, casi de golpe, se desajustan como consecuencia del cambio de fase.

Este desajuste de reacciones y efectividad que se produce con los cambios de fase —haciendo una comparación de comportamiento— es algo parecido a lo que les ocurre a los toros bravos cuando se les *afeita*, es decir, cuando se les recortan un poco los cuernos, algo que está prohibido en el mundo taurino y que supone un fraude en la lidia. El animal, tras llevar todo el tiempo en el campo acostumbrado a la longitud de sus cuernos, ha archivado parámetros mentales que suponen acierto y eficacia en el cálculo de sus embestidas. Luego, de pronto, tras un pequeño recorte hecho horas antes de la corrida, tales embates se quedan *en el aire*, a una ligera distancia del torero, pero que puede ser suficiente para salvarle la vida en un lance arriesgado, pues para reajustar sus embestidas a la nueva distancia de los cuernos necesitaría bastante más tiempo que el que dura la faena de un torero. De igual forma, puede ocurrir que en la manipulación de mecanismos, de maquinarias, en prácticas deportivas o conducción de vehículos, el operador confíe en una capacidad de reacción que, casi de pronto, sobre todo al principio de la fase siguiente del ciclo, queda disminuida en unas valiosas fracciones de segundo.

También se puede observar cierta disminución del

apetito y de la necesidad de sueño en la fase baja del ciclo Físico como consecuencia precisamente de la reducción de reacción muscular relacionada con todos los movimientos y acciones físicas que, sumadas al cabo del día, resultan en un menor consumo de energía.

Otros componentes químicos con los que se especula sobre su influencia en el ciclo Físico son el *LSD (ácido lisérgico dietilamídico)*, en producción relacionada con la *serotonina*, y la proteína estructural *colágeno*, elemento esencial de los tejidos conectivos del organismo, especialmente en tendones y ligamentos, que influye en el tono muscular general.

Además de sus características fundamentalmente físicas, en este ciclo también se observan importantes variantes psicológicas. La sensación de seguridad en sí mismo, la impulsividad, aumentan o decaen en función de cada fase, actitudes psíquicas que condicionan muchas decisiones. La razón estriba en nuestra intima percepción, inherente por nuestra naturaleza física. Un alto o bajo estado físico afecta a los resortes musculares y nerviosos, a la comunicación mental con nuestra estructura física transmitiéndonos internamente una mayor o menor sensación de control, que se refuerza en la fase alta y disminuye en la fase baja.

Días críticos del ciclo Físico

Los días críticos, recordamos, esos en que las fases altas y bajas se inician o terminan —como veremos gráficamente en la próxima imagen, cuando la línea ascendente o descendente de cada ciclo se cruza con la línea media horizontal—, son particularmente delicados según la mayoría de las investigaciones, propensos a crear transitorias alteraciones en las facultades personales.

En este ciclo, los días de cambio de fase positiva a negativa afectan al organismo en su aspecto físico, haciéndolo más impreciso en su mecánica y más vulnerable a cuestiones relacionadas con la salud; como contagios, evolución negativa en enfermedades o trastornos circulatorios y cardíacos. También las reacciones musculares son más propensas a la imprecisión. Por tanto se trata de un ciclo especialmente importante en relación con la conducción de vehículos y el manejo de maquinarias. En el aspecto psicológico, mientras que los días críticos de entrada a la fase negativa favorecen estados de inseguridad creando dudas en la toma de decisiones, los previos al inicio de la fase positiva pueden traducirse en decisiones impulsivas y precipitadas.

Accidente del tren Alvia, 2013

Un ejemplo de estos días críticos iniciales del ciclo Físico puede ser el del accidente ferroviario del tren Alvia en Santiago de Compostela (España) el 24 de julio de 2013, uno de los más graves en la historia de los ferrocarriles.

Para examinar los ciclos de los casos que vamos a ir viendo, tras hacer los cálculos matemáticos necesarios —que más adelante veremos—, vamos a utilizar unos gráficos sencillos que representan cinco días de la vida de la persona analizada: el día del suceso, los dos anteriores y los dos posteriores. Observemos el siguiente gráfico, cada recuadro del esquema representa un día, correspondiendo el central al del suceso.

En el centro del gráfico, horizontalmente, se sitúa una línea que divide los días en las zonas superior e inferior. Por la zona superior discurren las líneas que representan los ciclos cuando están en fase alta, y por la inferior cuando están en fase baja. El cruce de las líneas ascendentes o descendentes con la horizontal es el cambio de fase, los llamados días críticos.

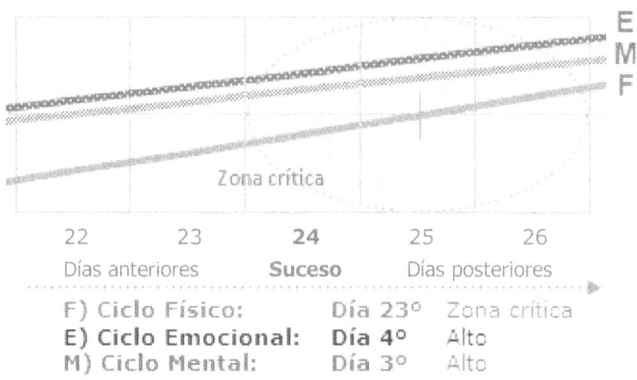

Gráfico de los ciclos de Francisco José Garzón, maquinista del tren Alvia el 24/07/2013, día del accidente en Santiago de Compostela. Fecha de nacimiento: 4/06/1961, 52 años.

Con una elipse destacamos el cruce crítico matemático y su zona de influencia, que se estima en más/menos 24 horas. Debajo, anotamos el día en que se encuentra cada ciclo y la definición del estado.

Una vez hechos los cálculos matemáticos de sus ciclos, podemos comprobar que aquel día Francisco José Garzón, el maquinista, se encontraba en una zona crítica de cambio, la previa a la fase positiva del ciclo Físico.

Tren Alvia (fotografía 1A, créditos de las fotografías en anexo final)

Esta fase crítica del comienzo del ciclo Físico, aparte de otras connotaciones físicas, tal como ya hemos comentado, psicológicamente se caracteriza por generar excesos de confianza. Además, al igual que en todos los días críticos de cualquier ciclo, en estas fases suelen sucederse fugaces perturbaciones mentales que pueden ocasionar despistes y errores. Esto es lo que parece revelar el desarrollo del suceso. El tren al mando del señor Garzón circulaba a una velocidad de 190 Km/h sobre una curva limitada a un máximo de 80 Km/h por las indicaciones técnicas ferroviarias, al mismo tiempo que atendía una llamada telefónica. En el proceso de las acciones previas al accidente se observa el exceso de confianza como fallo fundamental, con el agravante de atender una llamada telefónica en instantes determinantes, y un error de cálculo, o tardía actuación, en el momento de aplicar la reducción de velocidad, lo cual ocasionó el descarrilamiento y costó la vida a 80 viajeros. Así fue confirmado posteriormente por la Comisión de Investigación de Accidentes Ferroviarios (CIAF).

El tren Alvia instantes después del accidente (fotografía 1B)

Veamos ahora el ciclo Emocional, importante en nuestros estados de ánimo, en las relaciones sociales y en algunos aspectos de la salud.

4
El ciclo Emocional
Ciclo de 28 días, 14 altos y 14 bajos

Es el segundo ciclo de este grupo, con una duración de 28 días, gráficamente se destaca en color azul y con la letra «E». Afecta al estado emocional en general y características relacionadas, como optimismo, ilusión o predisposición social. La primera fase, igual que en todos los ciclos, es la fase positiva. Se corresponde con los primeros 14 días y una alta disposición de ánimo que luego decae un poco en los 14 siguientes.

Una particularidad de este ciclo es que, por la duración de sus fases, dos semanas exactas cada una, siempre comienzan el día de la semana en que nacimos. Es decir, quien haya nacido un jueves, por ejemplo, todos los jueves cada 14 días comienza una nueva fase de su ciclo Emocional, ya sea la positiva o la negativa. Y, a su vez, también todos los jueves cada 14 días, alternando con los anteriores, el ciclo alcanza el nivel más alto o el más bajo. Por tanto, el día de la semana en que hemos nacido siempre es una destacada referencia emocional.

En líneas generales, el ciclo Emocional influye en las siguientes características:

Ciclo Emocional, cada 28 días

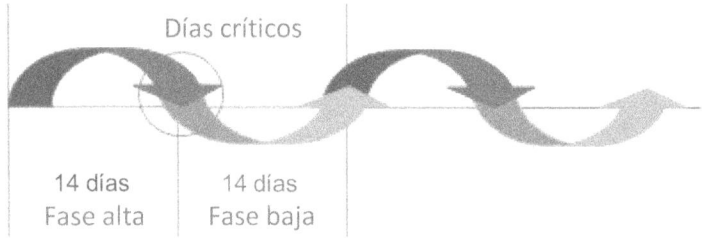

- Estado de ánimo en general, optimismo, alegría.
- Sentimientos, ilusiones.
- Imaginación, creatividad, intuición.
- Predisposición social, extroversión.
- Expresión personal, oratoria.

Facultades que tienen su más alta relevancia personal en la fase positiva, mientras que en la fase negativa disminuyen creando una etapa más relajada, más o menos intensa en función del temperamento de cada persona.

El ciclo Emocional es de especial interés para artistas y otros profesionales en cuyas labores la creatividad y la expresividad tengan un papel importante.

Agentes comerciales, vendedores y conferenciantes, en las fases positivas del ciclo se pueden encontrar mucho más intuitivos, elocuentes y convincentes.

Para comprender las fluctuaciones de este ciclo se observan la *amina serotonina*, neurotransmisor que hemos visto en el ciclo Físico, y la hormona *prolactina*, cuya producción está regulada principalmente por la *dopamina*, otro neurotransmisor que influye en el humor y la motivación, y se relaciona con el *núcleo accumbens*, la zona del cerebro donde se gestionan las sensaciones placenteras, la risa y los temores. Funciones importantes de la dopamina son la estimulación cardiaca y regulación de la producción de la hormona prolactina. Ciertos estados depresivos se producen cuando la disminución de dopamina permite unos elevados niveles de prolactina. El nivel de dopamina tiene además influencia en las relaciones sociales. Por otro lado, la amina serotonina se implica en el ciclo Emocional, igualmente con efecto antidepresivo, y por cierta interrelación con la *noradrenalina*, que es otro neurotransmisor también muy influyente en el ritmo cardíaco.

En esta compleja combinación, que solo representa parte del proceso, tal como apuntábamos para explicar las fluctuaciones de los ciclos, observamos que los momentos óptimos de un determinado ciclo son el resultado de una acción combinada de los efectos estimuladores e inhibidores de unos y otros, lo que resulta finalmente en la fórmula correcta, un cierto «estado de cosas» o droga natural creada por nuestro organismo.

Días críticos del ciclo Emocional

En el aspecto físico, el corazón es relativamente sensible a los cambios del ciclo Emocional, debido probablemente a alteraciones momentáneas de los niveles de dopamina y noradrenalina en el proceso de cambio de fase. Se han advertido trastornos cardíacos relacionados con los días críticos emocionales, y en particular cuando los cambios coinciden con días críticos o fases bajas del ciclo Físico.

En los días críticos correspondientes con el inicio de la fase positiva emocional pueden sucederse estados de euforia exagerada, así como acciones de cierta desinhibición, incluso de irresponsabilidad. Y respecto a los días críticos previos a la fase negativa de este ciclo, podrían sobrevenir ligeras depresiones, generalmente momentáneas, o más pronunciadas en función de la particular sensibilidad o del contexto psicológico de vivencias personales. Un ejemplo de esto último podría ser el caso de Charlotte Dawson, presentadora de televisión australiana que se suicidó ahorcándose en su casa.

Charlotte Dawson, 2014

Esta popular presentadora acumulaba circunstancias emocionales muy negativas que, según ella misma, se iniciaron años antes con el aborto de un hijo, al parecer presionada por su marido, el nadador Scott Miller, del cual se separó muy deprimida al saber de la participación de este en una película pornográfica. Al mismo, tiempo, Charlotte mantenía fuertes enfrentamientos por acoso en las redes sociales, un problema respecto al que se había convertido en luchadora y que luego se volvió en su contra transformándola en víctima de acosos.

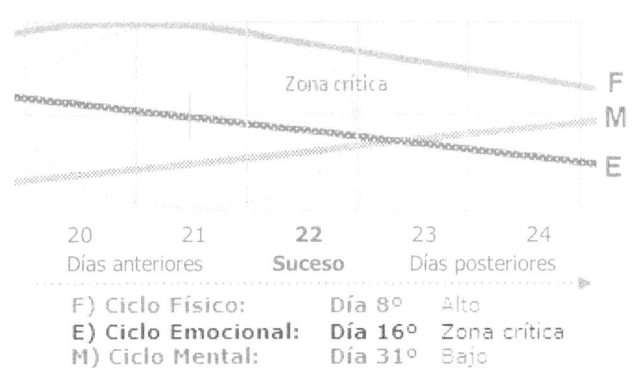

Ciclos de Charlotte Dawson, presentadora de televisión australiana, 22/02/2014: suicidio por ahorcamiento. Fecha de nacimiento: 8/04/1966, 47 años (fotografía 2, Charlotte en 2012).

Todo ello sumó aquel día y pudo ocasionarle un momento depresivo fatal en una fase crítica del ciclo emocional, como vemos en el gráfico, y Charlotte decidió quitarse la vida allí mismo, en su apartamento.

Aquel día, la presentadora tenía previsto que la vivienda permaneciese accesible para su venta. Un agente inmobiliario entró a media mañana para hacer una inspección previa y la encontró ya fallecida por ahorcamiento. Tan inesperado suceso demuestra que la fatal decisión no estaba planificada. Días antes se había concertado la jornada de puertas abiertas y eso es lo que estaba previsto. Sin embargo, ni siquiera el recuerdo de este compromiso evitó la repentina decisión de acabar con su vida.

Aunque a la mayoría de los suicidios preceden etapas depresivas, frecuentemente el momento decisivo surge de forma muy espontánea, imprevista, y las fases críticas de los Biorritmos pueden incrementar momentáneamente los efectos depresivos que repercuten en estas dramáticas decisiones.

5
El ciclo Mental
Ciclo de 33 días, 16,5 altos y 16,5 bajos

Es el ciclo más largo de este grupo, con 33 días de duración, que se suele representar en color verde y letra «M», y afecta a las condiciones mentales. Tiene que ver con el razonamiento, la memoria y la agudeza mental. Facultades que pueden alcanzar un mejor rendimiento en la fase alta o positiva —1º al 17º día— y tornarse algo más torpes y perezosas en la fase baja o negativa —17º al 33º día.

La fase baja del ciclo Mental es propensa a unos bajos niveles de concentración y a una menor predisposición para tareas intelectuales, todo lo cual puede afectar a actividades muy dependientes del rendimiento mental.

En líneas generales, este ciclo influye en las siguientes facultades personales:

Ciclo Mental, cada 33 días

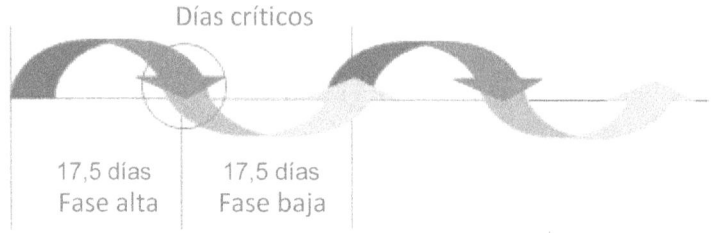

- Equilibrio mental.
- Razonamiento y memoria.
- Concentración, objetividad.
- Sentido organizativo.
- Predisposición y asimilación en estudios y aprendizajes.
- Mente abierta a nuevas perspectivas.

Se trata, por tanto, de un ciclo importante en los estudios, en tareas organizativas, administrativas o en cualquier otra caracterizada por un particular esfuerzo mental; por ejemplo, en trabajos de investigación; también en artísticos, en combinación con el estado del ciclo Emocional.

Además del profesor austriaco Alfred Teltseher, que en 1920 observaba el comportamiento de sus alumnos para determinar el ciclo Mental, los doctores norteamericanos Hersey y Bennett, ya entre 1928 y 1932, lo hicieron correlacionando datos con funciones glandulares y niveles periódicos de hormonas esenciales en el plasma sanguíneo. Investigaciones posteriores, desde 1945 hasta la actualidad* han comprobado relaciones de las hormonas *andrógeno*, *estrógeno* y *testosterona* con el coeficiente intelectual y actitudes como el dominio social y la mayor o menor predisposición a abordar problemas. También se ha comprobado un mayor rendimiento intelectual en seres humanos inyectados experimentalmente con la hormona testosterona. Por todo ello se deduce que estas hormonas están implicadas en el conjunto de elementos químicos cuyas fluctuaciones combinadas originan el ciclo Mental.

También hay una importante relación entre la hormona testosterona con la actitud mental y la sexualidad. El sexo tiene mucho que ver con la mente, y las fases positivas de este ciclo despiertan más fácilmente los estímulos para mantener relaciones sexuales.

Días críticos, Allan Simonsen, 2013

En el ciclo Mental los cambios de fases afectan esporádicamente a facultades como el razonamiento, la memoria y la concentración. Distracciones y despistes en rutinas habituales pueden sucederse con más frecuencia en los días críticos.

Allan Simonsen, piloto automovilístico danés, frecuente en las competiciones de 24 horas de Le Mans, falleció como consecuencia del grave accidente que en su séptima participación, el 22 de junio de 2013, le sucedió conduciendo su Aston Martin.

*EE.UU. Bize y Morcard, 1937; Clark & Burch, 1945; Dearborn & Rothney, 1941; Sontag, 1958; Kihlstrom, 1971; Judd y Yen, 1973; Universidades de Chicago y Northwestern, 2009.

Al equipo de Allan y otros expertos, aquel accidente les pareció muy extraño, pues se produjo a los pocos minutos de la carrera y en una curva que no presentaba especial dificultad.

En el video que recoge el accidente (puede visionarse en Youtube) se observa que antes de estrellarse contra las vallas el vehículo hace un extraño vaivén, primero gira ligeramente a la derecha y enseguida a la izquierda.

Según informa el periodista especializado Gabriel Covelli *(alvolante.info)*, tras la visualización del video los analistas plantean la hipótesis de un conflicto entre el coche y el piloto, el cual intenta realizar manualmente una corrección ya iniciada por el sistema de control automático de tracción (TCS) que el vehículo poseía.

Allan en 2011 y 2013, poco antes del accidente (fotografías 2A y 2B)

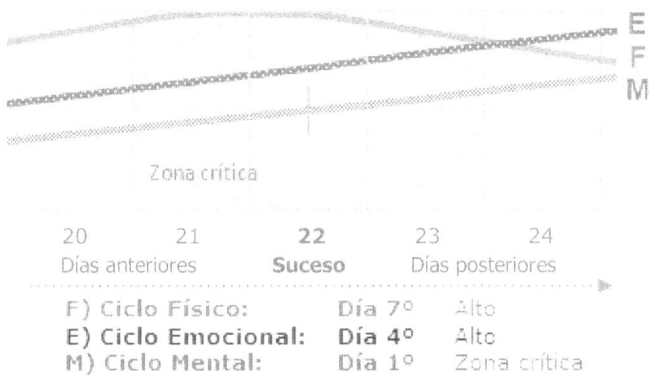

Ciclos de Allan Simonsen, piloto automovilístico, el 22/06/2013, día de su accidente mortal en Le Mans. Fecha de nacimiento: 5/07/1978, 34 años.

Ese día el piloto se encontraba en plena zona crítica del ciclo Mental, fase que puede provocar ocasionales despistes o errores de cálculo.

Consideraciones sobre los días críticos

Uno de los más graves inconvenientes de los días de cambio de fase es que el cambio no se produce de forma moderadamente progresiva, sino a golpe de intermitentes altibajos físicos y mentales. Pero conviene recordar y destacar también que los días críticos no son días que por sí mismos determinen circunstancias fatales.

Aunque en las fases críticas de los ciclos somos más vulnerables, las posibles consecuencias negativas de estos días serán debidas a la suma de factores o niveles de riesgo añadido, es decir, del contexto físico y psíquico personal y elementos o circunstancias de peligro coincidentes. No es lo mismo conducir en un rallye que atender un puesto administrativo en una oficina. En ambos casos podemos tener un mal día, pero la distracción de un piloto puede costarle la vida y la de una secretaria quizá solo tener que repetir un informe.

No vamos a poder evitar el atravesar periodos de bajo rendimiento y especialmente críticos, pero también etapas muy buenas en las que nuestras particulares cualidades pueden brillar y ser especialmente eficientes. Por ello es conveniente observar los Biorritmos no como una amenaza, sino como una herramienta útil que puede advertirnos para entregarnos con confianza a nuestras tareas o actuar con prudencia en algunas ocasiones.

Examinar un calendario de nuestros ciclos puede ayudarnos en la planificación de actividades, tanto para evitar riesgos especiales como para sacar el mayor partido de nuestras facultades personales en trabajos, estudios, aficiones o relaciones sociales. En el siguiente capítulo veremos el cálculo y algunos tipos de representación gráfica que permiten observar cómo se van sucediendo las combinaciones de los ciclos y hacernos una idea de nuestros estados potenciales.

6
Cálculo de los Biorritmos y representación gráfica
Calcular el estado de los ciclos

Como este grupo de ciclos se inician en la fecha de nacimiento, conocer el estado de los Biorritmos en una fecha posterior consiste, primero, en calcular cuántos días han trascurrido desde el día de nacimiento, y luego dividir esa cifra entre las duraciones de los ciclos para saber el momento en que se encuentra cada uno.

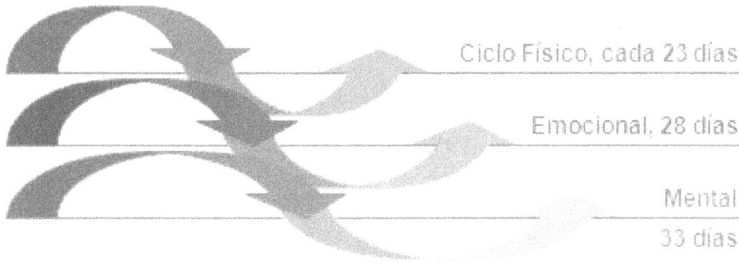

Básicamente es un cálculo sencillo, pero que termina haciéndose algo engorroso. Pues hay que tener en cuenta que el año real no tiene 365 días, sino 365,25. Razón por la cual se crearon los años bisiestos, para redondear el tiempo con la acumulación decimal, que supone un día extra cada cuatro años. También, en la mayoría de los casos, después de calcular los días de los años cumplidos hay que sumar los días transcurridos desde el último cumpleaños hasta el día en que deseamos conocer el estado de los Biorritmos, y luego hacer las divisiones entre 23, 28 y 33, respectivamente, que son los días de cada ciclo.

Debido a estas ligeras complejidades, diversos autores han ido creado sistemas, tablas y programas informáticos que facilitan el cálculo. En nuestro caso, hemos aportado un sistema sintetizado denominado *Biocalendario*, que puede tener el tamaño de un calendario de bolsillo y que veremos más adelante.

Ahora vamos a hacer el cálculo utilizando las cuentas básicas de la forma tradicional para una mejor comprensión del mismo.

Supongamos una persona que ha nacido el 15 de agosto de 1995 y desea saber el estado de sus ciclos en el día 21 de junio de 2019.

Hacemos las cuentas en el siguiente orden:

1º) Calculamos los días transcurridos entre el 15/08/1995 y el 21/06/2019:

- A) 23 (años de edad cumplidos) x 365 = 8.395 días

- **B)** *Días desde el último cumpleaños, 15/08/2018, hasta el 21/06/2019 = 310*
- **C)** *Días añadidos por los años bisiestos habidos entre 1995 y 2019:*

(1996, 2000, 2004, 2008, 2012, 2016) = 6 años

Total, (A+B+C) 8.395 + 310 + 6 = 8.711 días

2º) *Dividimos 8.711 días entre los días de cada ciclo para obtener el residuo, la porción final restante, el valor que indica el día del ciclo en curso. Pero debido a que la secuencia residual empieza a numerar desde «0», se originan resultados con un día de diferencia que es necesario corregir sumando 1 al resultado final de cada ciclo:*

- **Ciclo Físico**, *8.711 / 23 = 378,74*

  Residuo = 17+1 (ajuste final) = **18º** *día del ciclo.*

- **Ciclo Emocional**, *8.711 / 28 = 311,11*

  Residuo = 3 +1 (ajuste final) = **4º** *día del ciclo.*

- **Ciclo Mental**, *8.711 / 33 = 263,97*

  Residuo = 32 +1 (ajuste final) = **33º** *día del ciclo*

Ya sabemos el día en que se encuentra cada ciclo en la fecha: 15/06/2019. Ahora, recordando las duraciones y fases de cada ciclo, deducimos el estado de cada uno; alto, bajo o crítico. Aunque los tres ciclos se inician al mismo tiempo el día de nacimiento, debido a sus diferentes duraciones las fases altas y bajas de cada uno se van desplazando creando múltiples combinaciones en las que, mientras alguno o algunos pueden estar en fase alta, otros pueden estar en baja o coincidir, total o parcialmente. Por eso, tras el cálculo, es muy útil crear una representación gráfica para observar la evolución de los ciclos, ver sus fases en ciertas fechas y hacernos una idea de nuestro estado general ante las futuras actividades.

Hay varias formas de representación gráfica, veamos primero la forma sinusoidal, la más clásica:

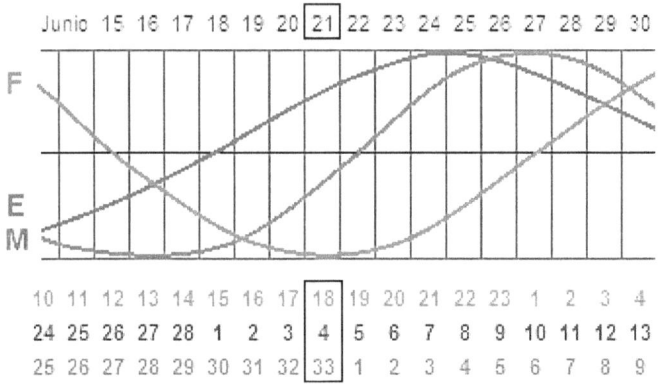

Como el resultado del ciclo Físico es el día 18º, y la fase negativa es desde el 12º hasta el 23º, la persona de este ejemplo se encuentra en un momento físico muy bajo.

En el ciclo Emocional, el día 4º corresponde a la fase positiva, que dura hasta el 14º y favorece un buen estado anímico.

Y respecto al ciclo Mental, está en el último día de la fase negativa, el 33º; en la zona de cambio, de fase alta a baja, lo que llamamos *días críticos*, caracterizados por ser propensos a pequeñas alteraciones que pueden causar ocasionales distracciones y errores.

Por tanto, teniendo en cuenta el estado del ciclo Mental y también el bajo estado físico, sería necesario que esta persona extremara su atención en caso de tener que realizar alguna tarea especial; por ejemplo, conducir un automóvil durante un viaje de largo recorrido. Pues el ciclo Físico en estado bajo ralentiza la reacción muscular, los reflejos, que influyen en acciones como el frenado, una aceleración oportuna o bruscos y necesarios giros del volante, al tiempo que el día crítico mental favorece despistes y errores de cálculo; una señal indicadora puede pasar desapercibida o un frenazo podría realizarse a destiempo.

Este tipo de combinaciones de los ciclos podrían colaborar en un accidente, que puede no sucederse, pero incrementan las probabilidades en tales días. Ser consciente de ello no debe convertirse en temores exagerados sino en argumento añadido para la atención y la prudencia.

En el ejemplo de cálculo básico que hemos realizado, ha habido que añadir luego manualmente algunos días para poder confeccionar el gráfico, los anteriores y posteriores a la fecha escogida, y poder ver el curso de los ciclos, pues estas operaciones básicas solo aportan el estado de los ciclos de un día.

Desde las primeras investigaciones y hasta aparecer la informática, muchos investigadores y matemáticos se han esforzado en crear fórmulas y tablas que faciliten el cálculo y la representación gráfica. Hoy disponemos ya de aplicaciones, incluso para móviles, que informan del estado de los ciclos con gráficos representativos. Hace ya años, en 1981, cuando los ordenadores todavía eran algo lejano para la inmensa mayoría del público y los sistemas de cálculo publicados resultaban algo engorrosos, desarrollé el Biocalendario, un sistema de cálculo destinado a sintetizar el proceso y ofrecer resultados muy amplios. Se trata de una tabla, asociada a unas sencillas fórmulas, diseñada para imprimirse en cualquier tamaño, incluso muy reducido, hasta tanto como un calendario de bolsillo. El sistema proporciona el estado de los ciclos durante todo el año y, a pesar de competir ahora con procedimientos informáticos, sigue siendo el más práctico. Ahora veremos cómo, mediante un sencillo proceso sintetizador, ayuda a la visión de los Biorritmos de todo el año de una forma simple y rápida.

La representación sinusoidal sobre líneas o zonas rayadas que hemos visto anteriormente es la más clásica. En su centro horizontal la línea con forma de flecha indica la dirección del tiempo, marca las divisiones de los periodos de altos y bajos de cada ciclo e identifica los días críticos al cruzarse con las curvas. No obstante, siendo gráficamente la más cercana a una visión real de la evolución de los ciclos, es también la menos práctica porque requiere de mucho espacio.

Una alternativa para representar la información de forma más esquematizada, tal como hemos visto en capítulos anteriores con los ejemplos de algunos casos, y que seguiremos utilizando en los siguientes, es sustituir las clásicas líneas curvas por rectas ascendentes o descendentes. Este tipo de gráfico se puede ampliar igual que sinusoidal, pero lo suelo utilizar para focalizar

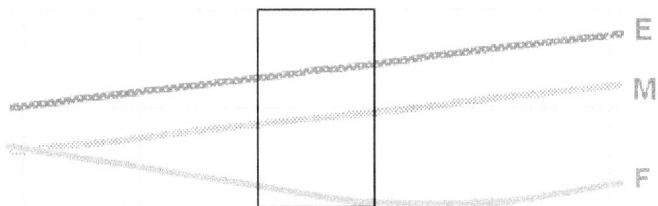

el estado de los ciclos en un corto espacio de tiempo, pues permite una fácil comprensión del momento con un golpe de vista.

Pero con el Biocalendario (Anexo 1) tenemos una visión mucho más sencilla. Veamos cómo se realiza la simplificación gráfica.

Sustituimos las curvas clásicas por líneas rectas y nos olvidamos de las zonas bajas:

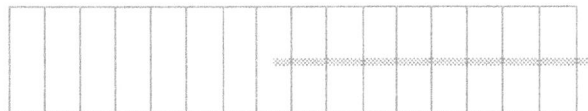

Comparando la imagen sinusoidal anterior del ciclo Mental de nuestro ejemplo, vemos que la línea recta coincide con la fase alta del ciclo y la zona de vacío con la fase baja. Sigamos perfeccionando y completando el diseño.

Ahora dividimos el gráfico en tres zonas y situamos un ciclo en cada una de ellas. El Físico arriba, el Emocional en medio y el Mental abajo:

De esta forma, las zonas rayadas representan las fases altas de los ciclos y las zonas de vacío a las fases bajas, siendo los comienzos y finales de cada línea la zona de días críticos. En el Biocalendario se verían así:

En esta imagen parcial que vemos ahora, las líneas están superpuestas sobre unos números. Son los que componen la tabla del Biocalendario. Se trata de referencias numéricas de fondo necesarias para situar las líneas de los ciclos según los resultados de las fórmulas previas de cálculo del sistema y en combinación con las coordenadas días/meses.

En el libro presentamos esta tabla ocupando una página para su mejor observación, pero se diseñó para imprimirse en varios tamaños: de bolsillo, sobremesa o pared. En el anexo final se presenta la tabla con las fórmulas de cálculo para los tres ciclos y una completa explicación del procedimiento. Pueden descargarse unas plantillas preparadas para imprimirse en varios tamaños desde la página web del autor (www.antoniomiguel.es); la descarga es gratuita.

La gran ventaja de este sistema es que con unas reducidas formulas, por un lado, y con el rayado de la tabla por otro —operaciones de minutos— obtenemos de inmediato la visión de los tres ciclos en todo un año. Mientras que otros sistemas ofrecen resultados para menores plazos de tiempo o se hace necesario imprimir grandes gráficos. Y en el caso de los programas informáticos hay que disponer siempre de un dispositivo y activar la aplicación.

Un Biocalendario, en tamaño reducido puede llevarse en una agenda o cartera, y en tamaño ampliado puede colocarse en algún sitio visible de casa o de la oficina para ver fácilmente y con mucha antelación las fases de cada ciclo y los días críticos sin hacer más cálculos. Lo que supone ahorro de tiempo y comodidad para observar la evolución de los ciclos en sus diferentes combinaciones, algo muy interesante para examinar perspectivas futuras que suponen matices potenciales de nuestras facultades personales. Esto es lo que veremos en el siguiente capítulo, las combinaciones de los ciclos.

7
Combinaciones de los ciclos
Etapas y sensibilidad personal

Debido a sus diferentes duraciones, los ciclos se van combinando de forma compleja a lo largo de los años. Desde el día de nacimiento hasta cumplirse la edad de 58 años y algo más de dos meses (21.252 días) se suceden todas las combinaciones matemáticamente posibles. A dicha edad se reinician completamente los ciclos; y las combinaciones de fases, con los mismos grados de intensidad, empiezan a repetirse exactamente igual que desde el día en que nacimos. Por tanto, en 58 años, lo cual supone normalmente la mayor parte de nuestra vida, no tenemos ningún día igual a otro en cuanto a niveles de intensidad de los ciclos en sus posibles combinaciones, que en cualquier caso siempre van a ser ocho.

Estas ocho combinaciones fundamentales, matizadas ligeramente por los grados de intensidad de cada ciclo, no obstante, generan una repetición periódica de tendencias generales.

En cuatro de estas combinaciones son mayoría los ciclos en fase alta, es decir, en estado positivo, y en las otras cuatro imperan las fases bajas, el estado negativo. En función de uno u otro predominio las llamaremos combinaciones *positivas* o *negativas*. Vamos a comentarlas ahora anotando al lado de la letra de cada ciclo el signo positivo o negativo según la fase en que se encuentre.

Combinaciones positivas, predominio de ciclos en fase alta

En este grupo la mayoría de las combinaciones tienen solo un ciclo en fase negativa. En líneas generales, sería conveniente preservar o actuar con cierta prudencia en las actividades relacionadas con el ciclo que se encuentre en fase negativa. Veamos las cuatro combinaciones más positivas:

F	+
E	+
M	+

Los tres ciclos en fase alta. Es el momento más óptimo de energía personal, la etapa ideal para aprovechar al máximo nuestras cualidades y oportunidades realizando, si es necesario, esfuerzos especiales.

F	−
E	+
M	+

Ciclo Físico en fase baja. Disminuye la tendencia a acciones físicas creando cierto relax que refuerza la actividad mental y que, con el estado emocional alto, pueden favorecer el talento artístico y la creatividad.

Ciclo Emocional bajo. Aunque el Físico alto favorece cierta confianza y resistencia. El estado emocional bajo combinado con el mental alto suscitará análisis de planes y decisiones con serenidad. Buen momento para estudiar.

Ciclo Mental en fase baja. Una combinación vitalista, con buen estado físico y anímico. Aunque hay que tener cierta prudencia, pues teniendo el Mental bajo pueden sucederse entusiasmos desmedidos o discusiones.

Combinaciones negativas, predominio de ciclos en fase baja

En este segundo grupo, la mayoría de las combinaciones tienen dos ciclos en fase negativa. Por tanto, sería aconsejable, en la medida de lo posible, proyectar nuestra actividad hacia los asuntos más relacionados con el ciclo en fase positiva.

Solo el ciclo Físico en fase alta. Es bueno combinar las tareas rutinarias con actividades como paseos o prácticas deportivas de bajo riesgo.

Solo ciclo Emocional en fase alta. Es el que más afecta al estado anímico y las relaciones. Se pueden compensar las carencias de los otros con tendencia al buen humor, pasatiempos y relaciones personales.

Solo el ciclo Mental en fase alta. Esta es una etapa muy relajada para explotar sin interferencias las facultades mentales y concentrase en tareas organizativas o estudios.

Todos los ciclos en fase baja. Se hace conveniente atender las obligaciones con paciencia y, si es posible, descansar y dejar las grandes batallas para otros días.

Ya sabemos que es prácticamente imposible adaptar todas las actividades a nuestro calendario personal de Biorritmos, hemos de vivir con nuestros deberes, horarios y tareas, además de afrontar también cuantos imprevistos se presentan en las circunstancias de nuestra vida. Pero es bueno conocer el estado de nuestros Biorritmos porque nos ayudan a comprendernos mejor y a tomar de vez en cuando ciertas precauciones en el curso de nuestra vida cotidiana modificando fechas de viajes y realizando cambios de agenda de otras actividades, cuando sea posible, con objeto de favorecer un mejor aprovechamiento de nuestras energías y capacidades personales.

Quienes tengan especial interés en comprobar sus Biorritmos quizá inicialmente examinen con cierta frecuencia su calendario personal, pero una vez comprendida la teoría y pasado un tiempo, cada persona, en función de su *particular sensibilidad*, terminará apreciando su propio estado, que se puede deducir con la experiencia sin necesidad de observar frecuentemente el calendario de los ciclos. El calendario se hace útil para planificaciones a medio o largo plazo.

Pero debemos hablar de la sensibilidad personal a que antes nos referíamos porque se trata de un aspecto variable en función de cada personalidad, y esto puede confundir la percepción de los Biorritmos. Para ello hay que tener en cuenta lo que llamamos *amplitud de onda*. Un detalle importante que debe tenerse en cuenta a la hora de analizarnos y comparar nuestros estados con los de otras personas.

Amplitud de onda

Para hacernos una idea de este concepto, recordamos por ejemplo, que todos estamos sometidos a las mismas condiciones climatológicas periódicas: primavera, verano, otoño, invierno. Pero, aún teniendo reacciones generales bastante comunes la mayoría de nosotros, no todos sentimos que tales cambios nos afectan o los vivimos con la misma y exacta influencia, frecuentemente podemos observar ligeras diferencias de sensibilidad a estos cambios entre unas y otras personas.

Igualmente, todos estamos sometidos a los altibajos de los Biorritmos, pero la curva que marca las fases puede ser más o menos intensa según la personalidad y características físicas innatas. Es decir, los cambios pueden ser más o menos acusados en función de la constitución física o del carácter de cada cual. Gráficamente podríamos verlo así:

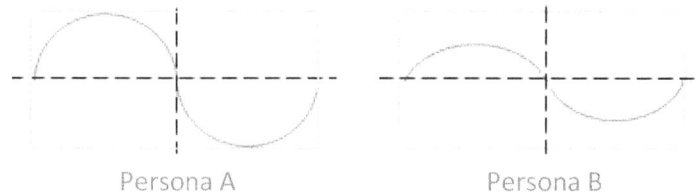

Persona A   Persona B

La amplitud de onda puede ser más pronunciada en unas personas que en otras. Esto muchas veces dificulta las investigaciones cuando se trata de hacer comparaciones, pues la intensidad de los altibajos cíclicos está relacionada con la naturaleza de cada individuo y cada cual ha de descubrir por sí mismo su propia intensidad.

Una observación reveladora para comprender esta matización podemos encontrarla también recordando, por ejemplo —todos lo vemos en circunstancias de experiencias especiales—, cómo algunas personas afrontan con más serenidad que otras los contratiempos de la vida o los acontecimientos felices; con más o menos afección o con mayor o menor euforia, ya sea ante sucesos negativos como ante distinciones o celebraciones.

También debemos destacar que, tanto por la amplitud de onda como por las características naturales de cada cual, los Biorritmos no determinan que todos los individuos en la fase positiva de un ciclo alcancen las mismas cotas de excelencia, rendimiento o brillantez personal. Los puntos más altos o bajos que puedan alcanzarse en cualquier ciclo dependen de las características físicas y cualidades personales naturales. Lo que los Biorritmos nos dicen es que nuestra particular naturaleza, el conjunto de nuestras cualidades personales, está sometido a periodos regulares de alto y bajo rendimiento.

Es posible que en la fase alta del ciclo Físico yo disponga de días en los cuales mi destreza jugando al tenis alcance una gran perfección, pero difícilmente ello va significar que pueda derrotar a un campeón internacional como Rafa Nadal, incluso aunque él estuviera al mismo tiempo en la fase negativa de su ciclo. Las diferencias del estado de los Biorritmos entre una y otra persona solo pueden tener relevancia importante cuando ambos estén muy igualados en otros aspectos: las cualidades personales innatas, así como, tomando por referencia este ejemplo, la preparación técnica profesional, el entrenamiento y la experiencia competitiva.

Tampoco las fases de los Biorritmos, aunque estables, influyentes y de cursos ajenos a factores externos normales, son inexorables ante puntuales sucesos o circunstancias de gran incidencia emocional. Unos ciclos en estado positivo no van a evitar el dolor y la tristeza por la pérdida de un ser querido. Igualmente, unas fases negativas no van a nublar la alegría de un premio gordo de la lotería. Estos casos, no cotidianos, tienen su particular fuerza emocional. Pero, en líneas generales, si prestamos atención y observamos, por ejemplo, las reacciones psicológicas ante infortunios, comprobaremos que las circunstancias se hacen más soportables y llevaderas cuando sobrevienen en combinaciones positivas de fases, que en las fechas bajas o críticas de los ciclos, en las cuales, ante un acontecimiento similar se incrementa el sufrimiento y la angustia debido al estado más débil en que se encuentra nuestra naturaleza.

Finalmente, en cuanto a las combinaciones de los ciclos, además de las ocho fundamentales que hemos visto están las variantes que incluyen días críticos. De ello hablamos en el siguiente capítulo.

8
Fases críticas
Días de cambio de fase

Como ya hemos destacado, son días propensos a crear alteraciones transitorias en nuestro organismo con posibilidad de comprometer acciones o decisiones en el desarrollo de nuestra vida cotidiana o profesional.

En estudios del ciclo Físico, recordamos como ejemplo, las reacciones musculares están expuestas a variaciones momentáneas que pueden afectar a nuestra perspectiva interna, a la sensación de seguridad ante acciones arriesgadas, e influir en nuestras acciones y decisiones. También se han observado incrementos de alteraciones cardiacas, depresiones fugaces o de cierta intensidad, según la personalidad, que podrían agravar estados o patologías previas, así como errores que han costado la vida de personas o se han traducido en accidentes más o menos graves en función de las circunstancias de riesgo, sobre todo en los días en que coinciden los cambios de dos o tres ciclos.

Los puntos más críticos de cambio que atravesamos en nuestra vida representan, un año con otro, aproximadamente el 21% (20,81%) de los días, unas 76 fases de cambio al año (82 cruces que, incluyendo una media de 6 cruces dobles, se reducen a 76). Tales fases crean las posibles combinaciones del siguiente gráfico. Al lado de la letra inicial de cada ciclo situamos el signo de estado alto (+), bajo (-) o de cambio (x).

Fases críticas más frecuentes, un ciclo en fase de cambio

Fases críticas dobles **Fase crítica triple**

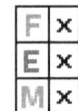

En cuanto a sus influencias, son similares a las que hemos visto en el capítulo anterior, pero con la variante de tener algún ciclo en fase de cambio. Lo que añade pequeñas alteraciones en dos aspectos. En principio, digamos el general, común en todos los cambios de cualquier ciclo y tipo (alto a bajo o bajo a alto), que implica momentáneos estados de cierta confusión propensos a crear distracciones. Y por otro lado, en lo que se refiere a alteraciones propias del ciclo en fase crítica, relativas a cuestiones más concretas de tipo físico, emocional o mental, según el área de su particular influencia.

¿Y por qué? ¿Qué razones puede haber en el hecho de pasar de una fase a otra para ocasionar alteraciones, a veces no muy destacadas, que casi nos pasan desapercibidas, y a veces fatales, en un espacio de tiempo relativamente corto?

Habíamos comentado que los Biorritmos son el resultado de interacciones químicas creadoras de combinaciones que actúan como fórmulas estimulantes, y que tras irse descomponiendo paulatinamente necesitan de otro periodo de tiempo para volverse a recomponer y suministrar de nuevo su eficiente influencia. En este continuo proceso, sin embargo, la fase de cambio no se caracteriza por sucederse de una forma moderadamente progresiva, sino como a golpe de estímulos intermitentes que van en aumento en el cambio de fase baja a alta y distanciándose y disminuyendo en el cambio a fase baja. Es posible que a ello se deban las alteraciones propias de los días de cambio, incluyendo, probablemente también, la necesidad de un cierto periodo de adaptación del organismo entre una y otra fase. Pues observamos que una vez pasado el periodo de cambio, incluso en los días bajos, que suponen una disminución de nivel y calidad de los rendimientos, se recuperan equilibrio y eficacia en las características de los ciclos.

En este juego de los componentes químicos, que combinan la alternancia de producciones hormonales y las influencias de ciertos neurotransmisores, la etapa crítica parece tratarse de un ligero desajuste, de cierta desarmonía en el concurso de estímulos químicos hacía zonas cerebrales y órganos de nuestra estructura biológica. Como ejemplo fácil, relativamente ilustrativo, podemos recordar lo que sucede a veces en los grifos del agua corriente cuando, por alguna avería, se corta el suministro. Después, cuando se restablece y durante unos instantes, el agua no circula de forma equilibrada, sino que llega a pequeños borbotones que poco a poco, reduciendo el vacío entre uno y otro, recupera la normal circulación. En ocasiones, antes de recuperar el volumen normal, se mantiene un ligero, pero estable flujo de agua y luego, con un leve estruendo, vuelve a discurrir de forma habitual. Podríamos comparar el flujo normal con el correcto suministro de nuestra componenda química interna y el estado positivo de los ciclos. Después, esos instantes de borboteo serían los días críticos; y más tarde, ese otro flujo ligero pero estable durante algún tiempo, con el estado bajo de los ciclos. Un estado que, sin ser tan generoso como el de la fase positiva, es menos preocupante y más equilibrado que ese borboteo intermedio.

En el caso de los ciclos biológicos podríamos hablar de un fenómeno similar a este ejemplo, pero interviniendo una operativa un poco más complicada, con varios *grifos químicos*, unos abriéndose y otros cerrándose (procesos hormonales y efectos de neurotransmisores), para conseguir en conjunto cierta combinación biológicamente programada que afecta a las facultades personales.

¿Y de cuánto tiempo hablamos exactamente para las fases de cambio? Pues, aunque estos ciclos se caracterizan por su gran regularidad y gracias a ello podemos hacer cálculos sobre su evolución, es difícil determinar con total precisión los puntos exactos en que comienza y termina un cambio de fase. La experiencia nos demuestra que, sin afectar a la duración del ciclo y de sus fases, pueden sucederse ligeras alteraciones en los procesos de cambio de fase, pero las distorsiones más frecuentes en los cálculos se derivan de la dificultad, imposibilidad casi siempre, de determinar con exactitud la hora de nacimiento, pues basta muy poco tiempo, apenas unos ocultos minutos, para obtener diferencias en los sistemas de cálculo de hasta 24 horas, que luego distorsionan las perspectivas críticas y su relación con sucesos especiales.

Muy frecuentemente, en estudios comparativos y estadísticas, se obtienen resultados confusos porque las inscripciones oficiales asignan 24 horas de diferencia en el nacimiento de algunas personas cuando en realidad, en términos absolutos, solo hay minutos. Por ejemplo, si una persona nace a las 23,55 y otra a las 00,05, con apenas 10 minutos de diferencia real en la hora de nacimiento se inscriben en fecha distinta. Así, a la hora de realizar los cálculos se obtiene una visión de los ciclos distanciada 24 horas cuando la diferencia es de unos minutos.

Pero una inevitable discrepancia oculta es la derivada del hecho de que el año no tiene 365 días exactos, sino 365,25, es decir 6 horas más, aproximadamente. Por lo cual se crearon los años bisiestos, con objeto de realizar la corrección del desfase acumulativo que se genera cada cuatro años (0,25 X 4 = 1,00). Para quienes nacen en año bisiesto esta circunstancia no crea diferencia, pero para todos los que nacen en los años precedentes se originan diferencias de 6, 12 y 18 horas (o parte proporcional, según fechas) que, dependiendo de la hora real de nacimiento y sumadas, pueden desplazar el punto matemático de cálculo hasta el día siguiente.

Tales discrepancias no tienen mucha importancia en la visión de conjunto de los ciclos, pero sí respecto a los días críticos, pues por tratarse de espacios de tiempo mucho más reducidos, estas discrepancias ocultas afectan a la observación personal y también a los estudios estadísticos en el cálculo de los días y momentos más críticos que podrían estar relacionados con circunstancias de riesgo. Lo más acertado y prudente es tomar como centro del proceso el día matemático de cambio y considerarlo con cierta holgura, desde y hasta veinticuatro horas antes y después.

Teniendo en cuenta estas ocultas y frecuentes diferencias, hemos realizado los estudios aplicando los márgenes de 24 horas que destacamos gráficamente con una elipse en los casos de ejemplo. Es aconsejable observar los días críticos, esos en que la línea del ciclo cambia hacia la zona alta o la baja, más que como días concretos, como pequeñas fases de cierta incertidumbre en una perspectiva de más/menos 24 horas. No precisamente peligrosas, pero sí delicadas si hay graves afecciones previas de salud o se dan circunstancias de especial riesgo. Veamos algunos ejemplos.

II

Accidentes, suicidios, infartos y muertes súbitas

9
Accidentes
Accidentes personales y profesionales, 66 casos

Tanto de este capítulo como de los siguientes, la lista completa de los casos, a cuyos informes hemos podido tener acceso conforme se iban produciendo entre 2013 y 2018, se detalla en el anexo final para no cargar excesivamente de datos la lectura. Veremos aquí un análisis de este tipo de sucesos con el resumen de algunos de los más destacados.

Caleb Moore

Con la aleatoriedad que supone el tener o no acceso a los datos necesarios, en orden cronológico, encontramos en primer lugar el fallecimiento por accidente del estadounidense Caleb Moore, piloto profesional de *moto-nieve*; un vehículo equipado con manillar, similar al de las motos, y esquís para circular sobre la nieve. Con este tipo de vehículos se hacen competiciones en circuitos cerrados que disponen de obstáculos, montículos y rampas de elevación para la ejecución de acrobacias.

Caleb Moore, participante en competiciones profesionales, moría el 31 de enero de 2013 como consecuencia de las heridas producidas a causa de un accidente sufrido en los Juegos X Games unos días antes, el 24, cuando realizaba una voltereta en el aire tras lanzarse por la rampa de elevación. Caleb, en el momento del aterrizaje, en vez de hacerlo horizontalmente y como consecuencia de un impulso inicial mal calculado, lo hizo verticalmente, de tal forma que los esquís se clavaron en la nieve ocasionando un vuelco fatal en el que salió despedido y luego, tras desplomarse sobre la nieve, el propio vehículo cayó sobre su cuerpo hiriéndole gravemente. Aunque tras ser ayudado a levantarse consiguió salir por su pie, tuvo que ser ingresado de urgencia y días más tarde moría en el hospital.

Caleb había nacido el 27 de agosto de 1987, tenía 25 años. En este caso, tal como hemos visto en los ejemplos iniciales, examinamos el estado de sus Biorritmos el día del accidente, destacando en la zona central del gráfico la fase crítica con un margen de más/menos veinticuatro horas. Así, observamos que, aunque el ciclo Mental estaba en fase positiva, el ciclo Físico, con fase crítica muy reciente, entraba en la zona baja y, sobre todo, se encontraba en plena fase crítica del ciclo Emocional.

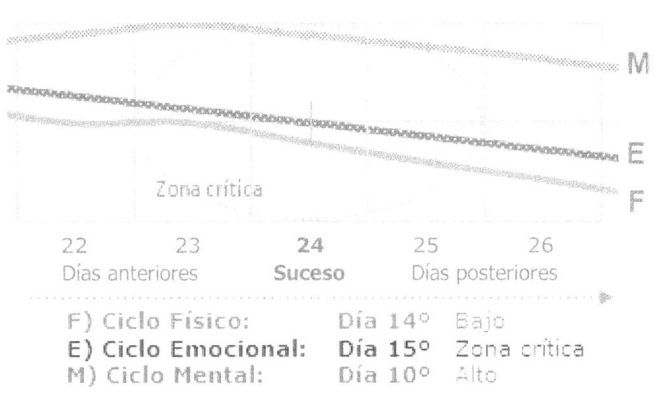

Ciclos de Caleb Moore, piloto de moto-nieve, el día del accidente, 24/01/2013. Fecha de nacimiento: 27/08/1987, 25 años (fotografía 4, salto con una moto-nieve).

Cualquiera de los ciclos, estando en fase crítica, puede ocasionar alteraciones físicas y psíquicas intermitentes con posibilidad de influir en las acciones en curso o más inmediatas. Y en el caso del ciclo Emocional, las fases críticas pueden afectar a la capacidad intuitiva, muy necesaria para los deportistas, que deben hacer cálculos rápidos, sobre la marcha, en el desarrollo de sus habilidades.

Accidentes en Le Mans y Santiago de Compostela

También en 2013, en junio y julio, se producían los accidentes del tren Alvia en Santiago de Compostela (España) y de Allan Simonsen en Le Mans. En ambos accidentes, que ya vimos anteriormente, los conductores se encontraban atravesando una zona crítica de los ciclos. Allan la del ciclo Mental, cuyos cambios nos exponen más especialmente a despistes momentáneos, y Francisco José Garzón, maquinista del tren Alvia, atravesaba la zona crítica del ciclo Físico previa al inicio de la fase alta, caracterizado por generar excesos de confianza que suelen motivar a los conductores a alcanzar velocidades imprudentes.

Cory Monteith, Philip Seymour, Krissy Brown y Prince Roger

Con los siguientes casos fijamos nuestra atención en el alto número de fallecimientos por sobredosis de estupefacientes que hemos encontrado. Prácticamente todos relacionados con estados críticos de los ciclos de sus protagonistas.

Destacan los actores Cory Monteith y Philip Seymour, en los años 2013 y 2014 respectivamente, Krissy Brown, hija de Whitney Houston en 2015, y el popular cantante Prince Rogers en 2016. Estos sucesos se han agrupado en este capítulo de accidentes porque suelen derivarse de una errónea preparación de las dosis, bien por excesos o por combinaciones arriesgadas

Cory Monteith fue un actor y músico canadiense fatalmente fallecido por sobredosis de alcohol y heroína que había alcanzado gran popularidad con la serie televisiva *Glee*, una comedia musical emitida por la cadena Fox.

La noche del 12 al 13 de julio de 2013 el actor pernoctaba en el hotel Fairmont Pacific Rim de Vancouver, Canadá, y tenía previsto abandonarlo a la mañana siguiente, por lo cual notificó que se le tuviera preparada la cuenta. No obstante, transcurrió la mañana sin que el actor se presentara en recepción. El personal del hotel acudió a la habitación, y alarmado ante la falta de respuesta entró y descubrió su cuerpo sin vida. El departamento de Policía inició una investigación, y tras la realización de la autopsia se confirmó que el fallecimiento se había producido por una sobredosis de alcohol y heroína.

En el gráfico de sus ciclos vemos que Cory se encontraba en la zona de influencia de un doble día crítico, es decir, cuando dos ciclos cruzan la línea central porque coinciden cambiando de fase (día 12). Observemos el bajo estado emocional (E) que, unido a ciertas perturbaciones derivadas del cruce crítico de los otros dos ciclos (F) y Mental (M), muy probablemente provocaron su trastorno interno, un característico atrevimiento propio de la fase crítica inicial del ciclo Físico, y un descontrolado cálculo de las dosis de consumo.

Cory ya arrastraba problemas serios de adicción, y aunque había estado recientemente internado en una clínica de desintoxicación, aquella noche no resistió la tentación de una recaída que fue definitiva.

Ciclos de Cory Monteith, actor canadiense, 13/07/2013: fallece por sobredosis de alcohol y heroína. Fecha de nacimiento: 11/05/1982, 31 años (fotografía 5, Cory en 2009).

Respecto a Philip Seymour Hoffman, el actor fue hallado muerto en su apartamento, como consecuencia también de una sobredosis de estupefacientes, por su amigo David Katz, guionista de *La muerte de un viajante,* obra de teatro que Philip protagonizó frecuentemente durante 2012 en Broadway.

Katz comentaba tras su fallecimiento que la fuerte interpretación a la que el actor se entregaba intensamente lo había agotado psicológicamente. Philip ya había tenido problemas de adicción en el pasado, por lo cual estuvo internado en un centro de rehabilitación. Pero volvió

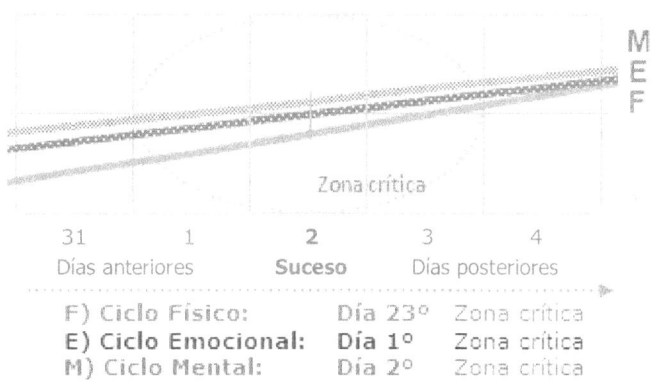

Ciclos de Philip Seymour, actor, 2/02/2014: muerte por sobredosis. F. de nacimiento: 23/07/1967, 46 años (fotografía 6, Philip en 2011).

a beber y a consumir estupefacientes, y aquel 2 de febrero de 2014, en que tenía sus tres ciclos en fase crítica, el actor se entregó a una sobredosis letal de cocaína, heroína, anfetaminas y barbitúricos.

Al año siguiente, 2015, el 31 de enero, Krissy Brown, cantante e hija de los también cantantes Whitney Houston y Bobby Brown, sufrió un grave desvanecimiento en la bañera de su domicilio. El delicado estado en que fue encontrada obligó a hospitalizarla y mantenerla en coma inducido durante varios meses. Su recuperación, que fue pronosticada como posible pero milagrosa en caso de sucederse, no se produjo y finalmente murió el 26 de julio.

Durante la noche en que casi muere ahogada en la bañera, Krissy y su novio Nick Gordon —un hermano adoptado por Whitney que terminó convirtiéndose en su novio—, mantuvieron una fuerte discusión, al parecer debido a una cuestión de celos por parte

de Nick y tras haber estado ambos toda la noche consumiendo gran cantidad de estupefacientes.

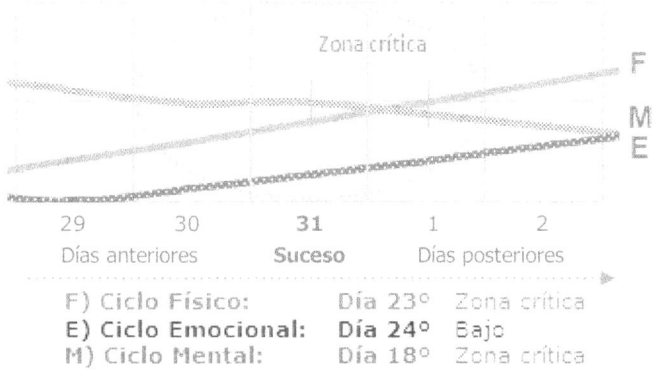

Ciclos de Krissy Brown el 31/01/2015: desvanecimiento por sobredosis del que ya no se recuperaría. Fecha de nacimiento: 4/03/1993, 21 años (fotografía 7, Kriss y Whitney Houston en 2009).

La agonía de Krissy duró seis meses. Hallada inerte en la bañera, aquella muerte recordaba la de su madre, Whitney, ahogada en una bañera en 2012 tras haber consumido cocaína. El caso de Whitney no entraba en nuestro estudio, que empezó en 2013, no obstante analizamos sus ciclos sin encontrar nada relevante. Según se determinó luego, la causa final del fallecimiento fue una afección cardiaca que ya padecía. La muerte de su madre supuso un duro golpe para Krissy, y el hábito de consumo de drogas fue insuperable para una niña que creció entre padres consumidores y que luego convivió como pareja con su hermano adoptivo, otro adicto también recientemente fallecido por sobredosis.

Los análisis realizados a Krissy en el hospital encontraron cannabis y alcohol en combinación con medicamentos para la ansiedad y la sedación, determinándose como causa del casi estado de muerte cerebral en que fue encontrada, la inmersión asociada a la intoxicación. Aquel día, Krissy tenía el ciclo Físico en fase crítica inicial —que favorece actos impulsivos y excesos de confianza— y el ciclo Mental en plena fase crítica, una etapa propensa a cometer errores de cálculo y tomar decisiones equívocas.

Otros casos destacados de mujeres fallecidas por sobredosis en fases críticas son los de la popular conejita de Playboy en Estados Unidos Cassandra Lynn, la modelo británica Peaches Geldof y la luchadora profesional norteamericana, modelo culturista, Chyna Laurel.

El año 2016 nos sorprendía con un nuevo y brusco fallecimiento en el mundo artístico, el del popular cantante y compositor estadounidense Prince Roger Nelson, uno de los genios de la música de nuestro tiempo, con unos cien millones de discos vendidos en todo el mundo. Prince fue hallado inconsciente en el ascensor de su residencia de Minnesota el día 21 de abril, y aunque los servicios de emergencia intentaron reanimarlo por todos los medios, fue declarado muerto.

Los análisis posteriores determinaron que el fallecimiento se produjo por sobredosis de Fentanilo, un potente analgésico opiáceo que debe ser usado con cautela y que el cantante se auto administró desacertadamente para calmar intensos dolores de cadera que padecía.

Prince tenía su ciclo Físico en fase crítica inicial y muy reciente la del ciclo Mental entrando en la fase baja.

Esta combinación de los ciclos, con cruce hacía arriba del Físico y hacía abajo del Mental, muy parecida a la misma de Krissy Brown, se caracteriza por excesos de confianza que frecuentemente incitan a atrevimientos y a la toma de decisiones de forma precipitada.

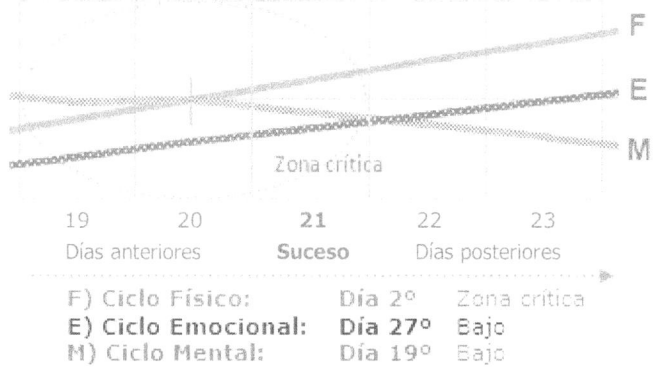

Ciclos de Prince Roger, cantante, 21/04/2016: muerte por sobredosis. F. de nacimiento: 7/06/1958, 57 años (fotografía 8, Prince en 2008).

Un alto número de casos por sobredosis

Entre los 66 casos de accidentes analizados hemos encontrado 15 muertes por sobredosis. Se han incluido en el capítulo de accidentes personales porque en estos sucesos no había, a diferencia de otros que veremos en el siguiente capítulo, intencionalidad de suicidio, sino excesos con cierto descontrol. En la siguiente tabla los destacamos, prácticamente todos con el estado de sus ciclos en alguna fase crítica.

Muertes por sobredosis y número de ciclos en fase crítica

28/06/2013, Matt Wade, USA, luchador	Sí, 2
13/07/2013, Cory Montheih, Canadá, actor	Sí, 2
15/01/2014, Cassandra Lynn, USA, modelo	Sí, 2
02/02/2014, P. S. Hoffman, USA, actor	Sí, 3
07/04/2014, P. Geldof, Inglaterra, modelo	Sí, 1
01/11/2014, Wayne Static, USA, músico	Sí, 1
31/01/2015, Krissy Brown, USA, cantante	Sí, 2
03/07/2015, Amanda Peterson, USA, actriz	Sí, 1
03/12/2015, Scott Weiland, USA, músico	Sí, 1
20/04/2016, Chyna Laurer, USA, luchadora	Sí, 1
21/04/2016, Prince Rogers, USA, cantante	Sí, 1
15/11/2017, Lil Peep, USA, rapero	No, 0
09/02/2018, J. Jóhannsson, Islan., compositor	Sí, 1
06/07/2018, V. Ilievski, Macedonia, cantante	Sí, 1
07/09/2018, Mac Miller, USA, rapero	Sí, 2

Volviendo a 2014, en el verano de aquel año nos encontramos con los fallecimientos del ex jugador de baloncesto Carlos Montes y el actor Alex Angulo, ambos por accidentes de circulación —especialmente grave el de Carlos— y con sus respectivos ciclos físicos en similar estado crítico.

Alex Angulo, el 20 de julio, con el ciclo Físico en fase crítica, conducía dirigiéndose al rodaje, en La Rioja, cuando su vehículo se salió de la autopista. El actor, que había iniciado muy recientemente aquel rodaje, fallecía como consecuencia del accidente.

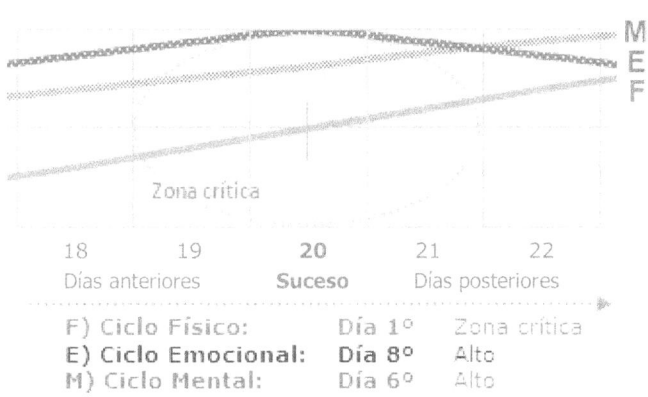

Ciclos del actor Alex Angulo el 20/07/2014, cuando sufre el accidente de tráfico que le cuesta la vida. Fecha de nacimiento: 12/04/1953, 61 años (fotografía 9, Alex en 2010).

En situación similar estaba el ciclo Físico de Carlos Montes, jugador ya retirado de la liga ACB, que también había fallecido el mes anterior, 6 de junio, en un grave accidente, estrellando a gran velocidad su vehículo contra el muro de un paso inferior en la avenida Arturo Soria de Madrid. Carlos, de 48 años, tenía en fase crítica su ciclo Físico, igualmente que Alex, en el cambio a la fase alta, ese estado al que ya nos hemos referido en análisis anteriores que es propenso a actos impulsivos y excesos de confianza, condiciones que estimulan el deseo de velocidad en los conductores.

Aunque cualquier fase crítica de los tres ciclos puede ocasionar instantáneas alteraciones psíquicas e influenciar en la capacidad de control, el ciclo Físico es muy importante en la conducción de vehículos. Durante el periodo de este estudio encontramos 19 casos de conductores fallecidos, de los cuales 14 se encontraban con algún ciclo en fase crítica.

Al año siguiente, los también jugadores de baloncesto Mike Phillips y Jackson Vroman fallecían, ambos como consecuencia de accidentes domésticos.

Jackson Vroman, fue encontrado por amigos y familiares con un grave traumatismo ahogado en la piscina de su casa. Según su amigo Dan Bilzerian, Jackson simplemente tropezó en unas escaleras al dirigirse a casa, recibió un fuerte golpe en la cabeza y cayó a la piscina donde, perdido el sentido, murió ahogado. Tanto Mike como Jackson estaban en fase crítica del ciclo Mental, muy propicia para las distracciones.

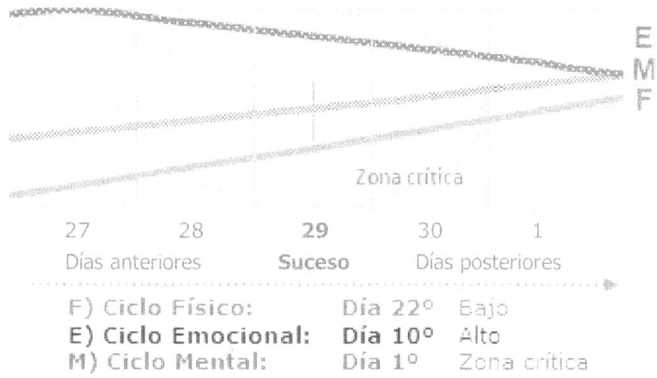

Ciclos de Jackson Vroman, jugador de baloncesto, 29/06/2015: muere ahogado. Fecha de nacimiento: 6/06/1981, 34 años (fotografía 10, Jackson en 2010).

Ena Kadic

Ena Kadic, Miss Austria 2013, fallecía en octubre de 2016 tras haber sufrido una grave caída en El Tirol, Alpes suizos, lugar de donde era natural y en el que se encontraba practicando footing.

La caída se produjo desde unos treinta metros de altura sobre la falda de la montaña, en zona contigua al mirador de Drachenfelsen, en Bergisel, un sitio que ella conocía bien, por lo cual extrañó mucho este accidente. Tanto que algunas versiones informativas del suceso especulan con el suicidio, pues en cierta entrevista a una publicación había manifestado que no era feliz. La vida que el título de Miss y su consiguiente popularidad le habían deparado, según sus propias palabras, le hacían muy desdichada.

Poco antes de la caída, dos testigos vieron a Ena sentada en la barandilla del mirador con el móvil en la mano, por lo que se piensa en la posibilidad de una fatal

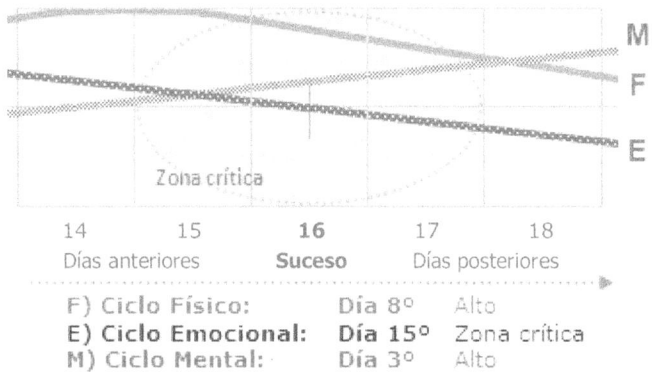

Ciclos de Ena Kadic, Miss Austria, 16/10/2015: grave caída en zona montañosa por la que muere días más tarde. Fecha de nacimiento: 6/10/1989, 26 años (fotografía 11, mirador en Bergisel).

distracción intentado hacerse un selfi. Finalmente, las indagaciones de la policía se volcaron sobre la hipótesis de un accidente y así lo anotamos. No obstante, dadas sus declaraciones anteriores, un suicidio también es compatible con el estado de los ciclos de Ena aquel día, 16 de octubre de 2015. Saliendo muy recientemente de la fase crítica del ciclo Mental, se encontraba en plena fase crítica y a la baja del ciclo Emocional, un momento en el que, con las habituales perturbaciones transitorias propias de los cambios de fase de cualquier ciclo, además de propiciar despistes momentáneos, que es la causa más común, también se pueden agravar estados depresivos previos y desencadenar decisiones fatales.

Toreros

Otros accidentes mortales sucedidos y examinados durante este estudio han sido los de cinco toreros. Tres espadas de primera, un novillero y un forcado, fallecidos por asta de toro durante el ejercicio de esta profesión: Eduardo del Villar en 2014, Rodolfo Rodríguez «El Pana», Renatto Motta y Víctor Barrio en 2016, e Iván Fandiño en 2017. De los cinco, tres de ellos se encontraban en alguna fase crítica de sus ciclos.

Eduardo del Villar, en 2014, y Víctor Barrio, en 2016, no tenían ningún ciclo en fase crítica. En el caso de Eduardo, forcado mexicano de 27 años, la deficiente estructura de la plaza, la nula presencia de asistencia sanitaria y de ambulancia, ocasionaron que se desangrara tras una embestida en la que el toro le rompió la arteria iliaca.

Respecto a Víctor Barrio, en el examen del percance —hay vídeos que pueden verse en Youtube— parece no cometer error personal en el lance de la grave cornada que sufrió en Teruel el 9 de julio de 2016. Víctor ejecutaba un pase natural con la izquierda muy cerca del toro, pareciendo estar bien posicionado. A mitad del lance, el toro cabecea inesperadamente rompiendo el curso del pase y tocando al torero lo suficiente como para hacerle perder el equilibrio y caer al suelo, donde lamentablemente luego es corneado.

En los otros tres casos, con ciclos en fase crítica, se observan errores personales durante algún instante del curso de los hechos.

La cornada que recibió Rodolfo Rodríguez «El Pana» en México, el día 1 de mayo de 2016, fue inmediata y brutal. Con el toro a poco de salir a la plaza, durante esa veloz carrera inicial que suelen emprender los animales dando vueltas al ruedo en las cercanías de las tablas, el torero se plantó de golpe en su trayectoria, a una distancia en la que, desde ese punto y a tal velocidad, el toro no apreció el movimiento de engaño y la silueta conjunta que vislumbró en su vertiginosa carrera fue embestida de lleno, corneando al torero con una violencia verdaderamente terrible y lanzándolo al aire dramáticamente. «El Pana», que aquel día tenía el ciclo Mental en fase crítica, murió un mes después. La recuperación de tan brutal cornada era prácticamente imposible.

En cuanto a Renatto Motta, joven novillero peruano, que el día 17 toreaba en la plaza de toros de Malco, Ayacucho, desarmado por el toro en un momento de la faena corrió hacia el burladero y se agarró a las tablas para saltar al interior, pero en el último instante dudó, apenas unas fracciones de segundo, suficientes para que su salto se retrasase ligeramente y el toro le alcanzara en la pierna izquierda cuando ya tenía casi medio cuerpo tras las tablas.

Renatto estaba en fase crítica del ciclo Emocional, y aquel instante de duda cuando escalaba la madera facilitó al toro una cornada que rompió la vena safena, precisamente también, como Villar, en una plaza sin asistencia médica y a horas de distancia de un hospital adecuado. Con un improvisado torniquete y la errónea asistencia en la clínica de una localidad intermedia, el joven torero de 19 años murió tristemente desangrado en una camioneta que lo llevaba a la ciudad de Nazca.

En el caso de Iván Fandiño —en junio de 2017, en Francia—, aunque el momento, el tipo de pase y la cornada posterior son diferentes, el inicio del suceso tiene cierta similitud con el caso de El Pana (ambas también pueden verse en Youtube). Parece tratarse de una falta de sincronización entre el acercamiento del toro y el instante del movimiento del capote.

Tras realizar una discreta chicuelina, el diestro tomó distancia con el toro preparándose para un nuevo lance. Y lo esperó estático, tranquilo y confiado, con parte del capote sobre su cuerpo —Iván tenía su ciclo Físico en zona critica inicial, esa que conlleva muchas veces excesos de confianza—. Luego, el toro arrancó

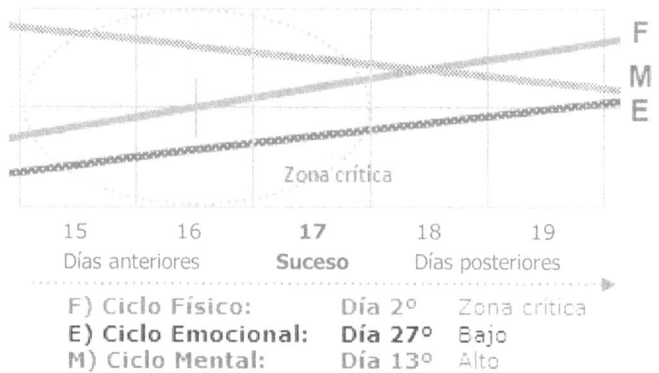

Ciclos de Iván Fandiño, torero, 17/06/2017: cornada mortal. Fecha de nacimiento: 29/09/1980, 36 años (fotografía 12, Iván en 2014).

y se lanzó contra el centro de la imagen que percibía sin apreciar el ligero movimiento de la tela que Iván realizó, quizá algo tardíamente y demasiado suavemente.

En este caso, a diferencia de «El Pana», el torero se situó a unos diez o doce metros del toro, desde donde este arrancó; no llevando, por tanto, aquella otra terrible velocidad, en vez de cornearlo y gracias también a cierta reacción de Iván en el último instante, solo consiguió una embestida fallida que descompuso al torero. Iván entonces soltó la tela e inició una huida hacia las tablas estorbándose un poco con su propio capote, lo cual retrasó su escapada dando así ocasión al toro para alcanzarle mortalmente.

Wang Jian

En este resumen de casos destacados de accidentes, terminamos con el del multimillonario Wang Jian, en el que encontramos uno de esos casos de muertes tan aparentemente extrañas como absurdas. Wang Jian era un empresario chino, copresidente de la multinacional HNA, un extraordinario conglomerado de empresas valorado en más de 200.000 millones de dólares.

En el verano de 2018, durante un viaje de negocios a Francia, Wang y otros compañeros decidieron hacer una visita a Bonnieux, una bella población turística situada en zona montañosa de La Provenza. Ciudad con entrañables calles y rincones entre construcciones de piedra, y con una característica iglesia en su zona más alta rodeada de antiguos y empedrados callejones, muros y zonas con vistas panorámicas. A uno de esos muros decidió subirse el señor Wang para hacerse una fotografía. Tan atrevida y poco racional decisión le situó en una posición de riesgo en la que perdió el equilibrio, precipitándose desde una altura de quince metros.

La caída le provocó traumatismos tan graves que los servicios médicos no pudieron salvar su vida. Wang contaba 56 años y tenía su ciclo Físico en fase crítica inicial. Otra vez esa etapa del comienzo de este ciclo en que se estimulan excesos de confianza y actos impulsivos dejando de lado la prudencia.

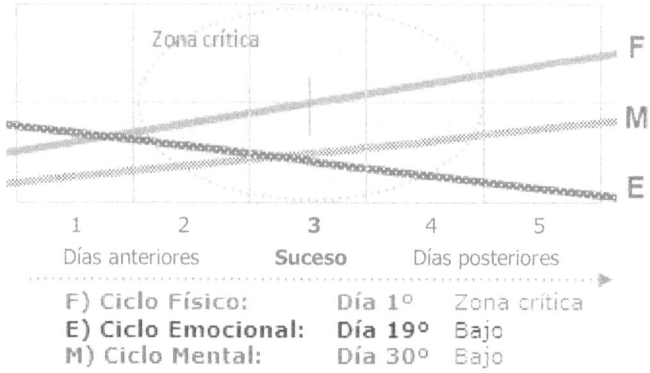

Ciclos de Wang Jian, presidente de la HNA, 3/07/2018: caída mortal. Fecha de nacimiento: 15/12/1961, 56 años (fotografía 13, Bonnieux, zona antigua).

Accidentes, resumen general

Tras hacernos una idea de la posible influencia de los Biorritmos en accidentes de todo tipo con algunos ejemplos destacados, resumimos las cifras de este conjunto de casos a cuyos datos hemos podido tener acceso entre 2013 y 2018.

Todos los accidentes estudiados se fueron anotando en el orden en que sobrevinieron sin otra razón que la de poder acceder a los datos personales con un mínimo de reseñas sobre las circunstancias de los hechos. Ha habido muchos sucesos de este tipo que no se han podido analizar por falta de alguna información necesaria o porque distintas fuentes informativas no coincidían en los datos personales o en las causas. A continuación, veamos un cuadro resumido de los casos examinados.

Accidentes, resumen	Total	En fase crítica	
Automoción (autos, motos y otros)	19	14	73,68%
Caídas	17	11	64,70%
Sobredosis de estupefacientes	15	14	93,33%
Toreros, fallecimientos en faena	5	3	60%
Resto, causas diversas	10	2	20%
Coincidencia esperada, 20,81%. Total:	**66**	**44**	**66,67%**

Según las fechas de nacimiento de sus protagonistas, teniendo en cuenta las diferencias horarias que comentamos en el capítulo anterior y tal como vemos en los esquemas gráficos, consideramos los periodos críticos —cambio de fases—, con un margen de más/menos veinticuatro horas. Así, en el análisis de los 66 casos de accidentes personales y profesionales a cuyos datos hemos podido acceder, hallamos que los sucesos relacionados con un día de cambio o las horas cercanas, el 66,15%, superan considerablemente, en más del triple, la coincidencia esperada, que es de entre el 20 y el 21%, el porcentaje medio de cambios de fase de los ciclos que se suceden al año.

La lista completa de los casos analizados se encuentra en el anexo final, e incluyen a más destacados personajes, como Matt Osborne, Simón Andrews, Ramón Rojas, Andrea de Cesar, Charmayne Maxwell, Diego Barisone, Étienne Fabre, Yuri Yeliséyev, Daniel Hegarty, Jóhann Jóhannsson, Vlatko Ilievski y otros.

En el siguiente capítulo veremos un interesante resumen del estudio realizado sobre la posible influencia de los Biorritmos en los suicidios.

10
Suicidios
Análisis de suicidios, 65 casos

La *anhedonia* es una alteración psíquica del comportamiento natural que caracteriza a la persona que la sufre por una frecuente falta de interés, de encontrar satisfacciones y placeres en el discurrir de la vida cotidiana. La anhedonia está presente en casos de depresión que muchas veces terminan en suicidios. Investigaciones de los últimos años (Universidad de Málaga en España, y Universidad de Stanford en EE.UU.) relacionan un componente químico llamado *galanina*, en interacciones con la dopamina y la serotonina, con estados de depresión y esquizofrenia. Ello nos muestra una vez más cómo las fluctuaciones de la química cerebral influyen en nuestro comportamiento, lo cual constituye la base de la teoría de los Biorritmos.

Aunque hay millones de personas que sufren ante contratiempos y graves circunstancias de la vida, no todas ellas terminan en casos de suicidio, la gran mayoría supera esas etapas. Los suicidios se suelen suceder en un tipo de personas genéticamente predispuestas a ciertas alteraciones psíquicas que inducen a esta dramática solución. Hay personas que de forma continua, o con facilidad ante cualquier incidente, incluso ante situaciones ambiguas, sufren estados depresivos como consecuencia de una disfunción de tales fluctuaciones químicas en su cerebro.

En el curso de los ciclos de los Biorritmos, entre la continua alternancia de estados altos y bajos, nos encontramos periódicamente con esos días de cambio de fase en los que se suelen producir transitorias alteraciones de esa química interna y, consecuentemente, influir en alguna medida en nuestras facultades y comportamiento. Analizando casos de suicidio con el calendario de Biorritmos podemos ver hasta que punto esas alteraciones transitorias, sumadas a patologías previas, pueden alcanzar un pico crítico que influya finalmente en la decisión de una persona de acabar con su vida.

Manuel Mota

Manuel Mota Cerrillo fue un famoso diseñador de la firma internacional Pronovias, en donde se desarrolló con éxito durante 23 años. Extrañamente se suicidó en 2013 en un lavabo del Centro de Salud de Sitges (Barcelona). Los empleados del centro tuvieron que forzar la puerta del lavabo, que había sido cerrada por

dentro, y encontraron a Manuel Mota con un cuchillo clavado en el pecho, por lo que inicialmente dio la impresión de que se trataba de un homicidio.

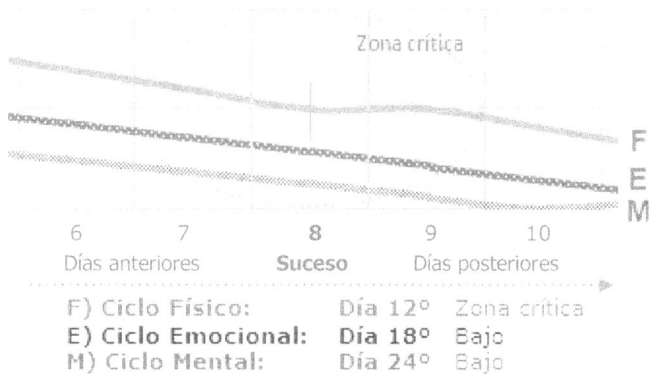

Ciclos de Manuel Mota, diseñador de moda, 8/01/2013: se auto apuñala mortalmente. Fecha de nacimiento: 9/07/1966, 46 años (fotografía 14, Centro de Salud de Sitges).

Más tarde, el examen de una mochila que Mota llevaba consigo con tres cartas en su interior, una para su familia, otra para su novio y otra para la policía, determinó que en realidad fue un suicidio.

Su hermana manifestaba posteriormente que Manuel padecía ansiedad producida por una persona a la que denominaba como «el monstruo». La empresa Pronovias emitió un comunicado en el que destacaba la gran labor del diseñador, así como que había estado alejado de la empresa durante casi un año por depresión, aunque regresó aparentemente recuperado.

Aquel día, 8 de enero, en que Manuel Mota acabó con su vida tan brusca y extrañamente, sus Biorritmos no atravesaban un buen momento, tenía el ciclo Físico en fase crítica de cambio y los ciclos Emocional y Mental en zona muy baja.

Arpad Miklos

Arpad Miklos, natural de Hungría y afincado en Nueva York, compartía su trabajo de actor porno con la actividad de prostituto de alto nivel. Apareció muerto en su apartamento en febrero de 2013 por una voluntaria sobredosis de estupefacientes y con una nota en la que daba ciertas instrucciones sobre lo que debía hacerse con sus restos. Randal Lynch, escritor neoyorquino y amigo de Arpad, declaraba luego sobre Arpad que *«Sabía que no era feliz, pero no me di cuenta de la auténtica gravedad, él tampoco era muy comunicativo sobre sus emociones»*. Arpad iniciaba en aquel momento una doble etapa crítica de cambio, en los ciclos Físico y Mental.

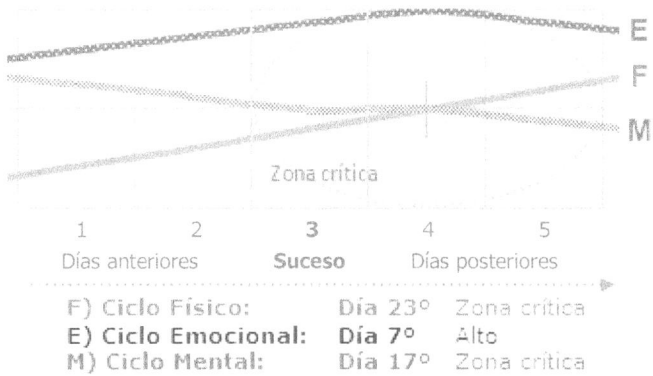

Ciclos de Arpad Miklos, actor porno, 3/02/2013: se suicida con sobredosis de estupefacientes. Fecha de nacimiento: 11/09/1967, 45 años (fotografía 15, Arpad en 2009).

Mindy MacCready

Mindy, cantante estadounidense del género country que vendió varios millones de discos, también llevó una vida llena de altibajos, bastante conflictiva, siendo arrestada varias veces por la policía. En una ocasión al intentar comprar cierto medicamento con una receta falsa, en otra por conducir con exceso de velocidad, y varias más al violar la libertad condicional.

Antes de su muerte, Mindy ya había intentado suicidarse hasta tres veces, dos con sobredosis de medicamentos y otra cortándose las venas de las manos, siendo salvada su vida por instantes.

El 13 de enero de 2013, su última pareja y padre de su segundo hijo, David Wison, apareció muerto en el porche de su casa con un disparo en la cabeza, aparentemente auto infligido, aunque no del todo aclarado. Un mes más tarde, el 17 de febrero, Mindy

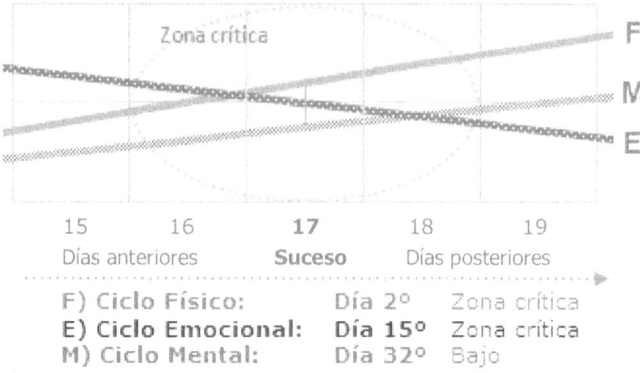

Ciclos de Mindy MacCready el 17/02/2013, cuando se suicida con un disparo de pistola. Fecha de nacimiento: 30/11/1975, 37 años.

decidió suicidarse de la misma manera y en el mismo sitio, en el porche de su casa, matando previamente a su perro mascota. Aquel día, tras varias semanas profundamente afectada, Mindy, que se encontraba en pleno día crítico del ciclo Emocional y en zona crítica del ciclo Físico, quizá no fue capaz de superar un nuevo bajón emocional, el último de su vida.

Lee Thompson Young

Lee Thomson fue un actor afroamericano que alcanzó la fama a través de Disney Channel con la película *The Famous Jett Jackson*. En 2013 interpretaba a un detective en la serie de la TNT *Rizzoli & Isles*. Según sus compañeros de rodaje, se caracterizaba por un trato dulce y amable, por su sonrisa y energía positiva. Sin embargo, a Lee se le había diagnosticado trastorno bipolar y tomaba medicamentos contra la depresión.

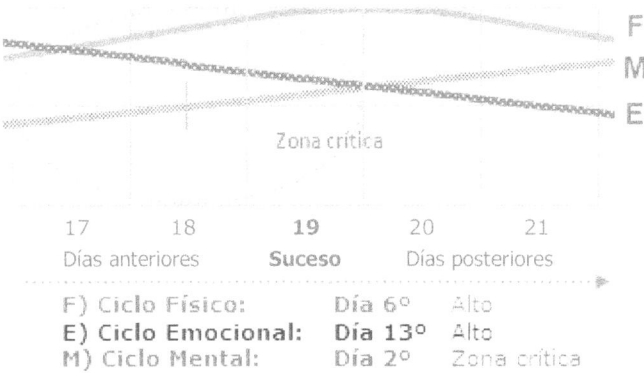

Lee Thompson, actor estadounidense, 19/08/2013: suicidio con arma de fuego. Fecha de nacimiento: 1/02/1984, 29 años.

El 19 de agosto de 2013, el actor no apareció al rodaje y sus compañeros alertaron a la policía, que lo encontró muerto en su apartamento, se había suicidado con un disparo de pistola. Lee se encontraba en fase crítica de cambio del ciclo Mental acercándose también al del ciclo Emocional.

Un año más tarde, en el verano de 2014, tras el suicidio de Charlotte Dawson, que ya vimos anteriormente, se sucederían los del jugador de fútbol alemán Andreas Biermann, el popular actor norteamericano Robin Willians y la cantante y actriz, también norteamericana, Simone Battle.

Quizá la muerte con más trascendencia mediática fue la del actor Robin Willians, encontrado ahorcado con un cinturón en un armario de su casa y con heridas en los brazos, al parecer derivadas de un intento previo de suicidio cortándose las venas. Pero no hemos podido incluir este caso en nuestro estudio por no encontrar coincidencia en los datos relativos a su fecha de nacimiento en las diferentes biografías publicadas. Lamentablemente, tras la imagen agradable y simpática del actor vivía un hombre con depresiones derivadas de una infancia problemática mencionada por él mismo como terrible, pero sobre la que nunca quiso dar detalles, y que le arrastraba al consumo de drogas y alcohol. Posteriormente la autopsia descubrió que padecía una enfermedad mental degenerativa.

Andreas Biermann

Andreas, natural de Berlín, era un futbolista que jugó como defensa en varios equipos de las competiciones alemanas. Se hizo popular durante algún tiempo debido a la declaración pública que hizo de sus intentos de suicidio y por sus charlas en diversos medios de comunicación sobre la depresión. Según comentaba, se decidió a hacerlo debido al constante recuerdo del portero de la selección alemana Robert Enke, que en 2009 se arrojó a las vías de un tren; se sentía identificado con él y deseaba concienciar a la sociedad sobre este problema. Aunque luego declaró estar arrepentido de haberlo hecho porque a consecuencia de ello perdió su trabajo como futbolista profesional.

Después de dos intentos anteriores de suicidio había sido hospitalizado, y tras el tratamiento recibido y perder su puesto como futbolista profesional, Andreas refugió su afición en el modesto club de su ciudad. También publicó un libro que pretendía ser de ayuda para quienes padecían esta enfermedad, *Tarjeta roja a la depresión*, y comenzó a estudiar Psicología, incluso facilitaba su número de teléfono en las redes sociales ofreciendo la posibilidad de conversar a quienes sufrían la tentación del suicidio.

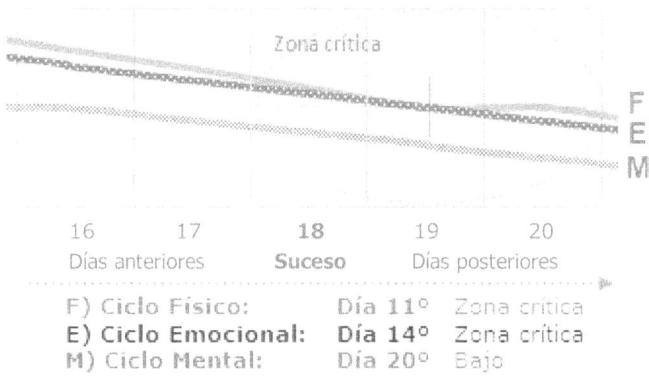

Ciclos de Andreas Biermann, futbolista alemán, 18/07/2014: suicidio con medicamentos. Fecha de nacimiento: 13/09/1980, 33 años (fotografía 16, Andreas en 2008).

Llama la atención que a pesar de toda esta labor, seguramente beneficiosa para quienes le escucharon, leyeron o conversaron con él en las redes sociales, probablemente también salvadora de alguna vida, finalmente él mismo perdiera su propia batalla ante la depresión. El 18 de julio de 2014, el padre de Andreas, alertado por la falta de respuesta a numerosas llamadas telefónicas, avisó a los bomberos para entrar en su apartamento. El jugador fue encontrado muerto, tendido sobre la cama y sin heridas visibles. Aunque no han trascendido detalles más específicos, según la impresión de los primeros testigos al entrar en el apartamento, parece ser que utilizó una sobredosis de medicamentos. Posteriormente, tras la autopsia, se comprobó y certificó la muerte como suicidio. Andreas se encontraba aquel día en zona crítica de los ciclos Físico y Emocional.

Simone Battle

Simone fue una cantante estadounidense que alcanzó la fama como finalista del concurso The Factor X en la versión nortéamericana de 2011. Más tarde formó parte del grupo musical GRL, que por aquellos momentos se iniciaba con éxito, por lo que sorprendió muchísimo que la cantante se suicidara. Algún medio informativo habló de problemas financieros, pero la familia no aceptaba que esa fuera la causa de su trágico final, pues su fama y suerte en el mundo musical iban en aumento. No obstante, quienes mejor la conocían, afirmaron que para el gusto de Simone todo iba muy despacio. En alguna medida se sentía frustrada y no tenía mucha fe en alcanzar un éxito notable. Finalmente, compañeros y amigos parecen estar de acuerdo en que ella realmente sufría depresión y lo ocultaba.

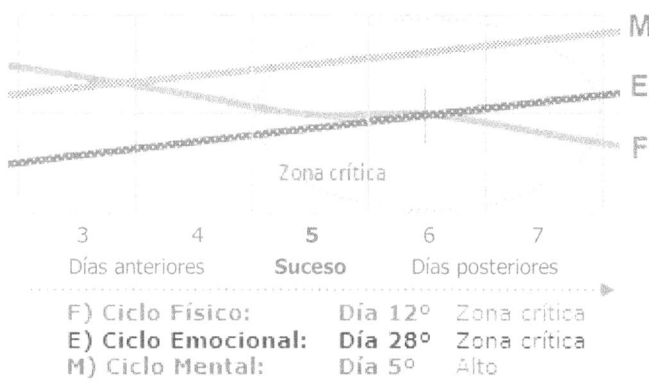

Ciclos de Simone Battle, cantante, 5/09/2014: se ahorca en un armario. Fecha de nacimiento: 17/06/1989, 25 años (fotografía 17, Simone en 2013).

Simone fue hallada colgada en un armario en su casa de Los Ángeles, la muerte se certificó como suicidio por ahorcamiento. Sus Biorritmos estaban en la zona de influencia de un doble proceso crítico de cambio de los ciclos Físico y Emocional.

Andreas Lubitz, suicidio y masacre

Probablemente uno de los suicidios más impresionantes de la historia sea el cometido en 2015 por Andreas Lubitz, copiloto del vuelo 9525, de la compañía alemana Germanwings, que estrelló voluntariamente un avión Airbus en los Alpes franceses aprovechando la ausencia momentánea del capitán en la cabina. Entre tripulación y pasajeros, fallecieron 150 personas. Fue un suicidio y 149 asesinatos.

El vuelo partió de Barcelona a las diez de la mañana con dirección a Düsseldorf (Alemania), pero media hora más tarde aproximadamente desapareció de los radares de control de tráfico aéreo. Según los datos de los equipos de control, el aparato perdió altura rápidamente, en muy pocos minutos y sin emitir señal alguna de emergencia, lo cual resultó bastante sospechoso a los controladores, por lo que transmitieron un aviso general de posible incidencia grave. Mientras tanto, a bordo, el capitán, tras regresar del lavabo, intentaba entrar en la cabina desesperadamente. Lubitz había cerrado la puerta por dentro y hacía caso omiso de la llamada. Debieron de ser unos minutos escalofriantes en los que, al observar la rápida pérdida de altura del aparato, el capitán recurría a utilizar un hacha para intentar abrir la puerta, y tanto tripulación como pasajeros vivirían aquellos momentos con una terrible y expectante angustia, que finalizó con el impacto provocado por el copiloto al precipitar la nave contra los Alpes de Provenza.

Tras las investigaciones realizadas, el fiscal de Marsella, confirmó en rueda de prensa que sin ningún género de duda el copiloto había estrellado el avión de forma deliberada.

En este escalofriante caso, extraña mucho que las numerosas pruebas sobre los problemas mentales encontradas tras el suceso en el historial médico del copiloto pasaran desapercibidas o no se valoraran convenientemente por la compañía aérea. Lubitz había visitado casi cincuenta especialistas para intentar corregir, sin éxito, un problema ocular que le afectaba física y psicológicamente. También había sido sometido a tratamiento por depresión y tendencias suicidas. Sin embargo, extrañamente, la compañía declaraba que, co-

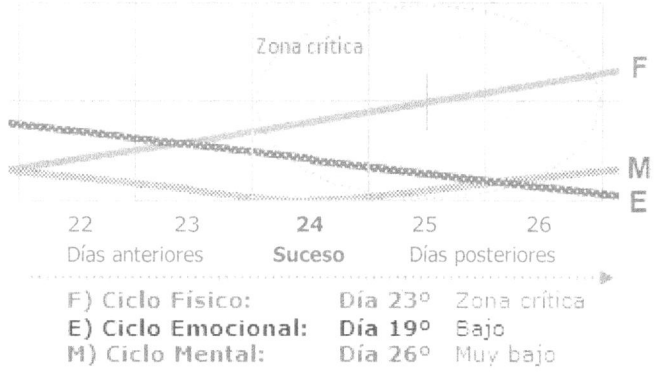

Ciclos de Andreas Lubitz, piloto alemán, el 24/03/2015 estrella intencionadamente un avión con 150 personas a bordo. Fecha de nacimiento: 18/12/1987, 27 años (fotografía 18, el avión siniestrado).

mo todo el personal, Lubitz había sido sometido a exámenes especiales sin habérsele encontrado anomalías destacadas. Los Biorritmos de Andreas Lubitz aquel día presentaban el inicio de esa fase crítica de cambio inicial en el ciclo Físico que estimula arrojo y decisiones precipitadas, teniendo al mismo tiempo los ciclos Emocional y Mental muy bajos.

Tera Wray

Tera Wray, actriz porno estadounidense, fue la esposa de Wayne Static, vocalista de Static-X. Wayne había muerto en 2014 como consecuencia de una desafortunada y letal dosis de alcohol y medicamentos. Tera quedó muy afectada por la muerte de su marido, pues además de ser una pareja muy unida, fue quien le administró una dosis de Oxicodona, medicamento que

había sido prescrito para ella, al irse a dormir y tras haber consumido Wayne otros estupefacientes y alcohol. Cuando Tera despertó lo encontró muerto. Poco más de un año después, Tera, sin haber superado el impacto emocional que le supuso la pérdida de Wayne y cierto cargo de conciencia, aparecía muerta en su apartamento.

La actriz se había suicidado con una sobredosis de medicamentos antidepresivos, dejando una nota para su familia y abogado. Tera tenía su ciclo Físico en fase de cambio, casi al mismo tiempo que salía de la zona crítica del ciclo Mental y entraba en su fase baja.

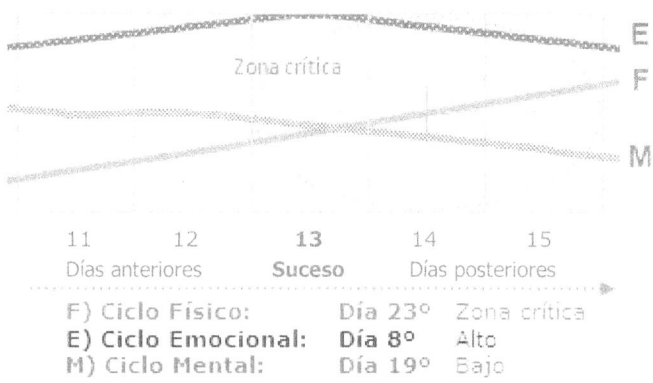

Ciclos de Tera Wray, 13/01/2016, actriz porno: suicidio con sobredosis. F. de nacimiento, 14/04/1982, 33 años (fotografía 19, Tera en 2007).

Clay Adler

Clay era un actor estadounidense, estrella en la cadena de televisión MTV, que sorprendentemente se suicidó delante de sus amigos. Habían viajado al desierto a hacer prácticas de tiro y, sin mediar razón ni explicación, Clay volvió la pistola contra sí mismo, apuntó a su cabeza y se disparó. Sus compañeros lo trasladaron al hospital aún con vida, pero los médicos no pudieron salvarle ya. A pesar de lo extraño del suceso, se pudo confirmar que no había señales de drogas o alcohol en su cuerpo.

Posteriormente, los padres declararon que Clay había tenido problemas mentales en el pasado, pero hacía años que supuestamente los había superado.

Este episodio de suicidio repentino, recuerda nuevamente, como en casos que ya hemos visto anteriormente —Charlotte Dawson, Lee Thompson o

Simone Battle— lo imprevistos que pueden llegar a ser estos sucesos.

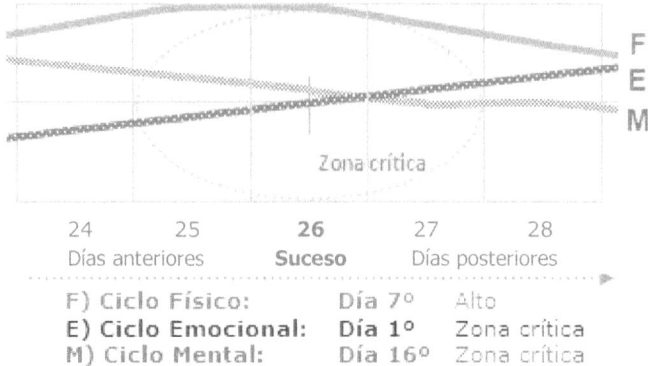

Ciclos de Clay Adler, actor estadounidense, 26/03/2017: se dispara con arma de fuego. Fecha de nacimiento, 20/08/1989, 27 años.

Clay se encontraba con los ciclos Emocional y Mental en plena fase crítica de cambio.

Fidel Castro Diaz-Balart

Fue el único hijo del dictador cubano Fidel Castro y Mirtha Díaz-Balart. El matrimonio se divorció antes de la revolución cubana y el niño se trasladó con su madre a Miami. Posteriormente regresó al lado de su padre y estudió en Cuba.

«Fidelito», que así se le llamaba en el país, luego estudió Matemáticas y Física nuclear en Rusia. A su vuelta se le hizo el máximo responsable de la política nuclear cubana. Pero tras doce años en el puesto, fue destituido sin muy claras explicaciones. Aunque, por un lado se hablaba de ineficiencia en su cargo, también había opiniones que le involucraban en la desaparición de dinero destinado al presupuesto de una central nuclear. Años más tarde, se le dio un cargo de asesor en el Ministerio de Industria que compartía con la actividad de divulgador científico. Posteriormente, hasta el día de su fallecimiento por suicidio, ocupó la vicepresidencia de la Academia de Ciencias de Cuba.

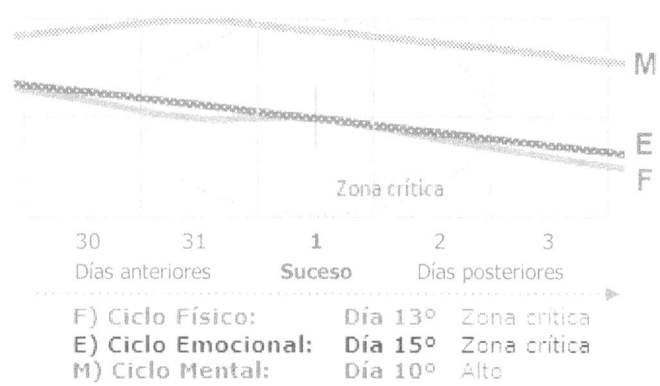

Ciclos de Fidel Castro Díaz-Balart, 1/02/2018: suicidio. F. de nacimiento: 1/09/1949, 68 años (fotografía 20, Fidel en visita oficial a México, en 2014).

Fidel Castro Diaz-Balart estaba en tratamiento por una depresión profunda. Había sido hospitalizado durante algún tiempo, tras lo cual mantenía medicación y se le hacía un seguimiento periódico. En febrero de 2018, mientras se encontraba en revisión médica, se arrojó al vacío desde el edificio del hospital. Tenía sus ciclos Físico y Emocional en pleno cruce crítico de cambio.

Suicidios, resumen general	Total	En fase crítica	
Ahorcamiento	22	9	40,91%
Disparo con arma de fuego	20	8	40,00%
Sobredosis, drogas o medicamentos	8	7	87,50%
Salto al vacío	4	3	75,00%
Resto, métodos varios	11	4	33,33%
Coincidencia esperada, 20,81%. Total:	**65**	**31**	**47,69%**

En el resumen de los casos de suicidio, tras examinar los diferentes métodos utilizados, vemos que nuevamente destaca el alto porcentaje de muertes por sobredosis de estupefacientes o medicamentos, aunque aquí de forma intencionada.

Considerando las posibles diferencias horarias en las fechas de nacimiento que ya comentamos en los capítulos anteriores, tras el análisis de los 65 casos de suicidio hallamos que los accidentes relacionados con un día de cambio o las horas cercanas, 47,69%, superan en más del doble la coincidencia esperada de etapas críticas, entre el 20 y el 21%, porcentaje medio de cambios de fase de los ciclos que se suceden al año.

La lista completa de los casos de este capítulo, en el anexo final, incluye a otros destacados personajes como Elena Ivashchenko, Aldo Calderón, Uday Kiran, Ralph Faudree y Chantal Akerman.

11
Infartos y muertes súbitas
Análisis de 211 casos

Este es el capítulo en el que más casos hemos encontrado con datos accesibles, entre 2013 y 2018, 211 casos que incluyen fallecimientos por bruscas anomalías cardiovasculares, como infartos de miocardio, paros cardiorrespiratorios y muertes súbitas relacionadas con este tipo de problemas.

Para este particular análisis, a diferencia de los anteriores, utilizamos solamente la observación de los ciclos Físico y Emocional. Hemos prescindido del ciclo Mental porque nada tiene que ver el estado mental con este tipo de accidentes, en los que sí pueden influir los otros dos ciclos. Pues, tanto el estado físico, que afecta a toda la mecánica muscular —y el corazón funciona como un músculo— como los cambios emocionales, tienen incidencia en el funcionamiento del conjunto cardiorrespiratorio.

Es raro que un estado bajo o crítico de los ciclos Físico o Emocional afecten gravemente a personas completamente sanas en su funcionamiento cardiovascular. Excepcionalmente se ha podido dar algún caso relacionado con un grave contratiempo o disgusto personal, pero normalmente, como en el caso de los suicidios, un infarto o muerte súbita suelen ser el resultado de anomalías funcionales que previamente se han ido desarrollando, o bien que forman parte de la naturaleza de la persona desde su nacimiento, y de lo cual en algunos casos se tiene conciencia e informe médico, mientras que en otros, como en los casos de muertes súbitas, tales anomalías parecen estar muy ocultas; hasta el punto de no ser detectadas por revisiones médicas y, por tanto, vividas de forma inconsciente hasta el día en que se produce un brusco y grave accidente cardiovascular.

Observar la relación de este tipo de accidentes con los ciclos de los Biorritmos, igualmente que en los capítulos anteriores, es tratar de averiguar hasta qué punto los estados críticos de los ciclos pueden, formando parte añadida en la suma de factores, favorecer un desenlace determinante. Veamos algunos casos.

Ramón Dekkers

Fue un luchador holandés de *Kick Boxin*, una disciplina de lucha, original de Japón, que más modernamente mezcla características del boxeo tradicional con el Karate y el Muhay Thai, boxeo tailandés.

Ramón Dekkers, apodado «El Diamante», fue ocho veces campeón del mundo del boxeo tailandés, recibió el reconocimiento del rey de Tailandia y fue nombrado embajador de los luchadores extranjeros.

El día 27 de febrero de 2013, Ramón paseaba en bicicleta por su ciudad, Breda, cuando repentinamente perdió el equilibrio y la conciencia cayendo al suelo. Los auxilios inmediatos de transeúntes, y luego del servicio de emergencias, no consiguieron reanimarlo.

Ciclos de Ramón Dekkers, luchador holandés, 27/02/2013: infarto. F. de nacimiento: 4/09/1969, 43 años (fotografía 21, Ramón en 2011).

Ramón murió de un fulminante ataque al corazón, aquel día se encontraba en plena fase crítica de cambio del ciclo Físico.

Yair Clavijo

El mismo año, en julio, tres futbolistas fallecían en Perú repentinamente, dos de ellos en el campo de juego.

Yair Clavijo, de 18 años, jugaba como defensa en el club Sporting Cristal. Su repentino fallecimiento se produjo el 21 de julio de 2013, día en que el equipo se enfrentaba al Real Garcilaso en la ciudad cusqueña de Urcos.

A cinco minutos del final del partido el jugador se desplomó, perdiendo la vida casi de inmediato, sin responder a los intentos de reanimación por parte de los servicios de asistencia en el campo, que no disponían de un desfibrilador como medio de ayuda. Yair, como Ramón, se encontraba en fase crítica del ciclo Físico.

Ciclos de Yair Clavijo, futbolista, 21/07/2013: repentino paro cardíaco en el campo de juego. Fecha de nacimiento: 4/01/1995, 18 años (fotografía 22, el Sportin celebra su victoria en el Campeonato de 2012, en el que participó Yair).

Unos días más tarde fallecía el adolescente de quince años Fernando Cárdenas al sufrir paro cardiorrespiratorio mientras realizaba pruebas de acceso a la división menor del mismo club, Sporting Cristal.

También el futbolista retirado Pedro Aicart, de 61 años, ex jugador del Barcelona, sufrió un paro cardíaco tras finalizar un partido de veteranos en la ciudad de Trujillo.

Son numerosos los deportistas, especialmente futbolistas, que fallecen por problemas cardiovasculares. Y en algunos casos, como los citados, sin que se hayan percibido anomalías previas en los exámenes médicos ni a lo largo del ejercicio de la práctica deportiva.

En nuestro estudio, de los 211 casos, a cuyos datos más completos hemos podido acceder, la gran mayoría de fallecimientos por infartos y muerte súbita corresponde al conjunto de deportistas. En el siguiente cuadro vemos un resumen.

Fallecimientos por infarto o muerte súbita, 211 casos

Deportistas	88	41,70%
(Futbolistas	60	28,43%)
(Otros deportes	28	13,27%)
Artistas (actores, cantantes, músicos…)	71	33,64%
Políticos	20	9,47%
Resto, actividades diversas	32	15,16%

Luego veremos cuántos de estos sucesos tienen coincidencia con fases críticas de los Biorritmos, pero veamos primero varios ejemplos con otras profesiones; en algunos el fútbol sigue siendo protagonista.

Paco de Lucía

En 2014 fallecía nuestro mejor guitarrista de flamenco de los últimos años y uno de los mejores del mundo con este instrumento, con el que evolucionó fusionando flamenco y jazz. Paco incorporó el *cajón peruano* al flamenco convirtiéndolo en un elemento ya habitual en este arte.

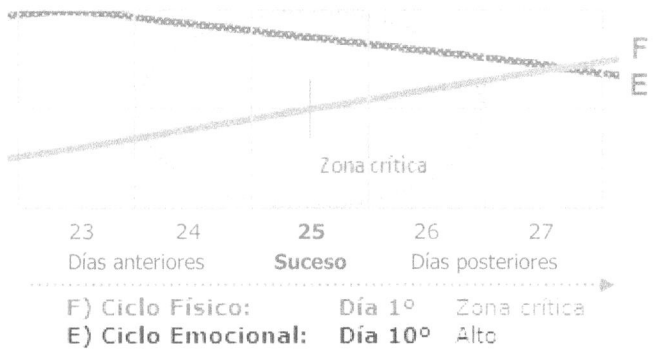

Ciclos de Paco de Lucía, guitarrista, 25/02/2014: sufre un infarto mientras juega al fútbol. Fecha de nacimiento: 21/12/1947, 66 años (fotografía 23, Paco en 2007).

Paco de Lucia estaba casado con su segunda esposa, Gabriela, de nacionalidad mexicana, país en el que pasó los últimos meses de su vida. Siendo muy aficionado al futbol, el 25 de febrero, jugaba a la pelota con uno de sus hijos en la ciudad caribeña Playa del Carmen cuando le sobrevino un infarto por el que murió poco después, mientras era atendido por los servicios médicos de urgencias. Tenía el ciclo Físico en fase crítica.

Emilio Botín

El 10 de septiembre, la Comisión Nacional del Mercado de Valores y los medios de comunicación recibían una nota urgente del Banco de Santander, su presidente, Emilio Botín había fallecido. Respecto a las causas del fallecimiento, se comunicaba que había sufrido un infarto de miocardio mientras se bañaba en su casa de Somosaguas.

Sin embargo, para sorpresa general, en 2015 y 2017 se presentaron en un juzgado de Madrid querellas por supuesto asesinato. Según los denunciantes, Botín no había muerto en el chalé de Somosaguas, sino en el apartamento que habitualmente utilizaba en la Ciudad Financiera del Santander, en Boadilla del Monte, asesinado por determinados miembros del cuerpo de seguridad siguiendo un plan urdido por la familia con el fin, al parecer, de evitar posibles cambios en su testamento. Un temor despertado al conocerse —según informaron varios medios de comunicación— las intenciones del presidente de contraer matrimonio en los meses siguientes.

Aunque los querellantes no presentaron pruebas concluyentes de sus denuncias, circulan sospechas que mantienen este asunto con un halo de misterio, pues por otro lado, no ha habido mucha precisión en las comunicaciones sobre el fallecimiento. No se sabe a ciencia cierta a qué hora ocurrió, cuando se avisaron a los servicios de auxilio médico y cuál fue el estado en que se encontraba Emilio Botín cuando se dispararon las alarmas. Por lo que tal estado de cosas, en alguna medida, mantiene este suceso en una incógnita que alimenta especulaciones.

No obstante, en lo que a nosotros nos ocupa, y según las informaciones a las que hemos podido acceder, el desarrollo de las circunstancias en la vida del presidente del Santander en los días previos tiene paralelismo con casos de graves accidentes cardiovasculares en personas de avanzada edad y, nuevamente, la práctica del fútbol.

El 5 de septiembre Emilio Botín se encontraba en Milán, acababa de jugar un partidillo de fútbol benéfico organizado en Turín por la Fiat y se reunía a cenar en la célebre Casa Manzoni con un grupo de periodistas españoles.* Llegó bromeando y enseñando las fotos que se había hecho con la uniformidad de la Juventus, pero también lamentando haber fallado un penalti y reconociendo que el esfuerzo físico le había afectado: «*Vengo un poco perjudicado*», comentó. Este comentario es un primer síntoma.

Otro de los objetivos del viaje de Botín a Italia era asistir a la prueba del campeonato del mundo automovilístico que se celebraba en Monza. Allí se le esperaba, pero aunque se desplazó a la ciudad, finalmente no asistió porque aseguró no encontrarse bien y prefirió quedarse en el hotel. Segundo indicio, parece que realmente no salió muy bien parado del partidillo de futbol.

Ya en España, el lunes día 8 trabajó con normalidad, pero el martes podemos observarle un nuevo y, prácticamente definitivo síntoma. Abandonó el despacho antes de lo acostumbrado, a las cinco de la tarde, aduciendo que estaba cansado. Al día siguiente se comunicaba públicamente su fallecimiento.

Respecto a las sospechas sobre su muerte, no sería de extrañar que, efectivamente, muriera en Boadilla. Pues resulta algo extraño que, sintiéndose cansado hasta el punto de tener que abandonar el despacho, decidiera irse a Somosaguas teniendo al lado su

*Miguel Jiménez, El País, 10/09/2014

lujoso apartamento. En este sentido, se oyen comentarios sobre un discreto traslado nocturno en un coche fúnebre. Aquel día 10 de septiembre, Botín estaba en plena fase crítica del ciclo Físico. Y el perfil de su estado, con los hechos y síntomas de los días precedentes, tras el partidillo en Italia, tiene

Ciclos de Emilio Botín, banquero español, 10/09/2014: fallece de infarto. Fecha de nacimiento: 01/10/1934, 79 años (fotografía 24, Botín en 2015).

similitud con otros casos en los que el esfuerzo físico, en particular partidos de futbol, desencadenan fatales accidentes cardiovasculares en personas de avanzada edad. Ya lo hemos visto en casos como el de Paco de Lucía, que con 66 años sufre un infarto mientras juega a la pelota con uno de sus hijos, o incluso en veteranos futbolistas, como el ex jugador del Barcelona Pedro

Aicart, de 61 años, y algunos otros más que hemos podido observar en nuestro estudio.

Entre 2015 y 2016, otros personajes que también fallecieron por ataques cardiacos, con sus ciclos Físico o Emocional en fase crítica, por ejemplo, fueron el futbolista ruso Serguéi Filippénko —que murió en el terreno de juego durante un partido de veteranos—, el cantautor italiano Pino Daniele y el actor argentino Santiago Vázquez. A principios de 2017 sufría un mortal infarto el poeta sevillano José Ignacio Montoto, y en abril la ex ministra Carme Chacón fallecía de muerte súbita.

Carme Chacón

En 2017, el 9 de abril, o probablemente un día antes, fallecía la abogada y política Carme Chacón, ex ministra de Vivienda y Defensa en los gobiernos de Rodríguez Zapatero de 2007 y 2008. Cuando accedió a esta última cartera, se difundió ampliamente su imagen en todo el mundo por lo excepcional que suponía una mujer al mando del ejército, primera vez que sucedía en España, y embarazada de siete meses.

Carme Chacón padecía desde su nacimiento una cardiopatía congénita, lo que ella misma llamaba coloquialmente «el corazón al revés». Se trata de una afección cardiaca en la que el corazón, girado sobre su eje, tiene las venas y arterias conectadas de manera anormal. Estaba advertida desde siempre por los médicos de que esta anomalía haría de su vida un permanente riesgo.

F) Ciclo Físico:	Día 17°	Bajo
E) **Ciclo Emocional:**	Día 2°	Zona crítica

Ciclos de Carme Chacón, política española, 8 al 9/04/2017: muerte súbita. Fecha de nacimiento: 13/03/1971, 46 años (fotografía 25, Carme en 2009 con el embajador español en EE. UU. Jorge Dezcallar).

El fin de semana del 8 al 9 de abril, Carme se encontraba sola en su domicilio de Madrid. El domingo fue hallada sin vida a raíz de la alerta de un familiar y tras no haber podido contactar con ella, pues no contestaba a las llamadas desde la noche anterior, por lo que es posible que falleciera el mismo sábado día 8. Según el doctor Julián Pérez-Villacastín, miembro de la Sociedad Española del Corazón, factiblemente de muerte súbita. Aquel fin de semana, especialmente el sábado, día 8, Carme atravesaba una fase crítica del ciclo Emocional.

Michael Goolaerts

El 8 de abril de 2018, en directo, cuando se transmitía la carrera Paris-Roubaix por las más destacadas cadenas europeas y algunas sudamericanas, la televisión descubrió a un joven ciclista en la cuneta con las manos en el pecho.

Aquel chico era el belga Michael Goolaerst, tenía 23 años, atravesaba una zona de adoquines entre Vesly y Briastre y no se apreciaba ninguna anomalía en el entorno que pudiera haber provocado su caída. Pronto fue auxiliado por los servicios médicos y, dado su estado, transportado en helicóptero al hospital de Lille, en donde moriría unas horas más tarde.

La autopsia confirmaría luego que la caída se produjo por un repentino fallo cardíaco, y no al revés, como se pensaba al principio. «*Fue el mareo lo que provocó la caída de Michael Goolaerts, su corazón se paró y no pudo evitar irse al suelo* —declaraba el magistrado responsable de la investigación—, *pero no tenemos explicaciones sobre las causas de este ataque cardíaco».*

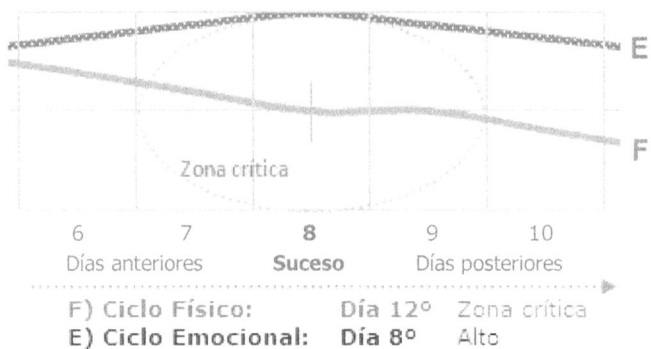

Michael Goolaerts, ciclista belga, 08/04/2018: sufre paro cardíaco en plena carrera. Fecha de nacimiento, 24/07/1994, 23 años (fotografía 26, Michael en el Grand Prix de Denain, en 2017).

También Michael tenía aquel día su ciclo Físico en fase crítica. Pero, tal como ya comentábamos al principio, esto no es causa suficiente para generar un problema cardíaco, sino un momento más débil en el que un problema de fondo puede manifestarse definitivamente.

De igual manera que en otras prácticas deportivas, especialmente en el fútbol, este es un nuevo caso de muerte, prácticamente súbita, con fallo cardíaco imprevisible porque ningún análisis médico detectó anomalía cardiaca. Michael había pasado con éxito las pruebas previas exigidas para participar en la carrera, una ecografía y un test de esfuerzo. Esto demuestra que a pesar de la alta especialización y meticulosidad de los análisis que se suelen realizar a deportistas de élite, sigue siendo particularmente difícil detectar futuros comportamientos del corazón en ejercicios deportivos especiales. Según estudios, en algunos casos estos fatales desenlaces pueden deberse a un engrosamiento del músculo cardíaco por exceso de entrenamiento. Pero aún así, aunque esta observación parece lógica como motivo para alterar el normal funcionamiento del corazón, es lamentablemente llamativo que, si no al principio de la carrera deportiva, posteriormente, en el curso de la misma, esos exhaustivos análisis que se realizan no detecten el riesgo y resulte, como comenta un periodista deportivo, que algunos deportistas se están entrenando para morir.

Tras esta síntesis de casos destacados como ejemplo, veamos el resumen final del conjunto de accidentes cardíacos mortales y los porcentajes de coincidencia con días críticos de los Biorritmos.

Infartos y muertes súbitas, resumen

Como en los capítulos anteriores, teniendo en cuenta el margen horario de 24 horas, observamos que el porcentaje general de coincidencias entre días críticos, u horas cercanas, y accidentes cardiovasculares mortales supera la coincidencia esperada. Ahora en más del triple, pues al utilizar para el cálculo solo los ciclos Físico y Emocional, prescindiendo del Mental, que no tiene influencia en estas afecciones, el porcentaje medio de cambios de fases que se suceden al año es menor que en los capítulos anteriores. Del 21% pasa al 15%, y los casos observados en fases de cambio superan el 48%.

Infartos y muertes súbitas, resumen	Total	En fase crítica	
Deportistas	88	38	43,18%
(Futbolistas	60	24	40,00%)
(Otros deportes	28	14	50,00%)
Artistas	71	36	50,70%
Políticos	20	13	65,00%
Resto, actividades diversas	32	15	46,87%
Coincidencia esperada, 15,33%. Total:	**211**	**102**	**48,34%**

El resto de los casos examinados de este tipo, reseñados todos en el anexo, incluyen a Soraya Jiménez, Fiódor Vladímirovich Tuvin, Soccor Velho, Anatoli Onoprienko, Wong Choon Wah, Wayne Smith, Kevon Carter, Pedro Caíno, Pedro Aparicio, Sebastián Lerdo de Tejada, Feng Ting-kuo y otros.

12
Primeras conclusiones
Fallecimientos naturales, accidentes, suicidios y fallos cardíacos

Aunque se hacen necesarios más estudios y análisis, en los que seguimos trabajando, parece confirmarse que los periodos críticos, días cambio de fase en los ciclos de los Biorritmos, conllevan ciertas perturbaciones momentáneas, de carácter intermitente, en las facultades personales que pueden influir en los comportamientos y en algunos estados de salud. Estas alteraciones, sumadas a otros factores coincidentes pueden provocar decisiones o acciones físicas equívocas y derivar en cualquier tipo de accidente, también por el incremento de trastornos en el estado psicológico o físico de personas con patologías, las cuales en tales días pueden alcanzar instantes de agravamiento fatales.

No obstante, antes de centrarnos en los casos específicos de accidentes, suicidios y fallos cardíacos, también habíamos examinado un amplio número de fallecimientos por enfermedad o causas naturales, ancianidad —la vejez también es una enfermedad—, para ver su posible influencia en la determinación del fatal día final en la vida de las personas. Para ello examinamos los ciclos de más de 500 personalidades que fallecieron en los primeros meses de 2013. En total 556 fallecimientos, entre enero y abril, que fuimos anotando en la misma medida en que se iban produciendo. En abril dimos por terminada la estadística porque con más de medio millar de análisis pensamos que ya disponíamos de una muestra relevante. En tal estudio se tuvieron en cuenta, igual que en el caso de infartos, solo los ciclos Físico y Emocional, que son los que tienen cierta influencia sobre cuestiones relacionadas con la salud. Encontramos 275 fallecimientos en días críticos, o las horas cercanas, lo cual supone un 49,46%, más del triple de la coincidencia media esperada para solo los dos ciclos (15,33%).

Casos, medias esperadas y observadas	Total	En fase crítica	
Enfermedad (15,33%), más del triple:	556	275	49,46%
Accidentes (20,81%), más del triple:	65	42	64,62%
Suicidios (20,81%), más del doble:	66	31	46,97%
Infartos (15,33%), más del triple:	211	102	48,34%

Esta media de fallecimientos por enfermedad o vejez es similar a la de infartos, pero está por debajo de la de accidentes. Y la de suicidios, con la misma media esperada que en accidentes —por incluir las influencias de los tres ciclos— es bastante más baja que la de accidentes. Es decir, en los accidentes es donde más se destaca la coincidencia con fases críticas de los ciclos, mientras que en el caso de los suicidios es donde menor coincidencia se produce. Tales diferencias tienen su lógica si analizamos las características propias de cada grupo de casos.

Los accidentes son sucesos que violentan de alguna manera el discurrir de la vida normal de una persona, no tienen que ver precisamente con su particular estado de salud —aunque en ciertos casos concretos pueda tener alguna influencia—, sino con la incidencia casi imprevista de circunstancias adversas, de acciones erráticas, especialmente en el curso de actividades de cierto riesgo, o de la suma de todo ello. Y este aspecto del discurrir de nuestra vida es al que estamos más expuestos por disponer de gran variedad de componentes que utilizamos inexorable y permanentemente, y que pueden intervenir de manera fallida, en combinación —o no— con factores externos, en el desarrollo de un accidente. En primer lugar el cerebro, nuestro estado mental, del que se pueden derivar olvidos, despistes momentáneos, interpretación errónea de una perspectiva de acción, sobrecarga de actividad mental o preocupaciones, y cuestiones emocionales que pueden alterar el normal funcionamiento de la mente. Pero además, tenemos otros muchos mecanismos, todos en alguna medida también dependientes del cerebro, que por utilizarlos continuamente nos exponen a posibles errores, como son la vista (percepción en acciones muy dinámicas), el oído (señalizaciones acústicas), manos y pies (reacción refleja tardía, traspiés, resbalones), equilibrio del cuerpo, etc. En fin, disponemos de numerosos elementos físicos y mentales, determinantes muchas veces, que nos exponen continuamente. No es de extrañar, por tanto, que los accidentes constituyan el capítulo donde el porcentaje de coincidencia con los días críticos de estos ciclos que afectan a nuestras facultades sea más alto.

Respecto a los suicidios, aún teniendo también un porcentaje destacado, muy por encima de lo normal y esperado, que sea el más bajo de los tipos de casos estudiados también tiene su explicación por la particular personalidad de los suicidas. La inmensa mayoría de las personas, aunque vivan experiencias muy adversas en su vida, e incluso les sobrevengan en fases críticas, no se suicidan. Sufren, pero soportan los inconvenientes y con el tiempo superan las situaciones negativas sin caer en suicidio. Aunque siempre hay casos de ocasional excepción; durante este estudio, como ejemplo, encontramos el caso del presidente de la antigua entidad bancaria Caja Madrid, Miguel Blesa, encausado y condenado por fraudulentas operaciones financieras, que se suicidó con un disparo de escopeta en 2017. Se trataba de una persona sin problemas mentales cuyos ciclos no presentaban un estado relevante y que probablemente se encontraba en estado de permanente angustia por los problemas judiciales y sociales que afrontaba. Pero, como hemos visto en los ejemplos expuestos, en su gran mayoría, el suicida es una persona con cierto problema mental previo que arrastra durante mucho tiempo, con el que nace, inscrito en su ADN. Se trata, en líneas generales, de una disfunción de la mecánica química cerebral que genera depresiones frecuentes y el desarrollo de la anhedonia; la falta de deseos, de ilusión de vivir. Este tipo de personas, necesitadas de medicación regular y permanente, están durante toda su existencia expuestas a la íntima decisión de acabar con su vida. De esta manera, las posibilidades de que ello suceda, por ser siempre altas, están muy repartidas en todos los días del año. Incluso algunas de estas personas pueden tomar su última decisión precisamente cuando sus ciclos están altos, pues la idea de acabar con su vida ya ronda en su mente con frecuencia y solo les detiene el temor al dolor, al hecho de que el procedimiento no salga bien y les transforme en seres con algún trauma permanente pero sin morir, también el temor de herir a los seres queridos. Estos sentimientos pueden aplacar frecuentemente sus intenciones e ir aplazando el desenlace hasta que un día, envalentonados por la seguridad que transmite el alto estado físico y mental, se atreven a lo que tanto tiempo llevan tramando en la intimidad de sus pensamientos. No obstante, como demuestra el estudio, los días críticos pueden agravar sus síntomas depresivos y precipitar inesperadamente estas fatales decisiones.

En cuanto a los casos de infartos y muertes por enfermedad o vejez, encontramos porcentajes similares. Tampoco es de extrañar, afectan directamente a la salud y la mayoría de las muertes, tanto por enfermedad como las naturales derivadas de la ancianidad terminan en grave fallo cardiorrespiratorio, es decir, el corazón y sus funciones conjuntas suelen protagonizar el desenlace final, como en los sucesos directos de infartos y muertes súbitas; aunque en estos casos no haya enfermedad manifestada ni vejez, sino disfunción repentina o malformación oculta, no detectada.

En los siguientes capítulos veremos algunas curiosidades, como la posible influencia de los Biorritmos en las relaciones personales y un análisis, fuera de la estadística por pertenecer a otros años, de muertes misteriosas que en su día, y aún hoy, generan polémicas especulaciones.

III

Curiosidades, accidentes y muertes misteriosas

13
Relaciones personales
Influencia de los Biorritmos en las relaciones

En la facilidad con que se puede originar un buen entendimiento con las personas con quienes nos relacionamos, así como también habituales discusiones, junto con cuestiones de carácter y otros factores circunstanciales, también podrían influir el estado de los Biorritmos de los protagonistas, cuyos ciclos personales, siempre con la misma cadencia, pueden ser coincidentes o no. Y si conviven, trabajan juntos o se relacionan con frecuencia, tales situaciones posiblemente pueden sucederse frecuentemente.

Una mayor o menor afinidad en la frecuencia de los ciclos tienen cierta influencia en las relaciones de las personas. En líneas generales, puede considerarse que el paralelismo de fases favorece las relaciones; es decir, que las fases positivas y negativas de los ciclos se sucedan al mismo tiempo o en fechas muy cercanas, mientras que una sucesión antagónica de fases no ayudaría mucho. De esta forma, podemos considerar la posible relación de dos personas a través de la visión de sus ciclos en los gráficos, utilizando el Biocalendario, método que más nos facilita este tipo de lectura. Hemos visto en un capitulo anterior cómo este sistema representa las curvas altas —las fases positivas— de los ciclos con líneas, siendo las zonas intermedias las fases bajas. En el anexo se explica detalladamente cómo usar este sistema. Veamos un ejemplo tras hacer el cálculo de los ciclos de las personas A y B y situar las líneas de sus ciclos en un Biocalendario.

Persona A

Día	1	2	3	4	5	6	7	8	9	10	11	12	13	14	15	16	17	18
F	1	2	3	4	5	6	7	8	9	10	11	12	13	14	15	16	17	18
E	1	28	27	26	25	24	23	22	21	20	19	18	17	16	15	14	13	12
M	2	1	33	32	31	30	29	28	27	26	25	24	23	22	21	20	19	18

Persona B

Día	1	2	3	4	5	6	7	8	9	10	11	12	13	14	15	16	17	18
F	1	2	3	4	5	6	7	8	9	10	11	12	13	14	15	16	17	18
E	1	28	27	26	25	24	23	22	21	20	19	18	17	16	15	14	13	12
M	2	1	33	32	31	30	29	28	27	26	25	24	23	22	21	20	19	18

En primer lugar aparece (sobre los números de referencia superiores) la línea del ciclo Físico, y podemos comprobar que ambas personas tienen sus fases bastantes paralelas. Esto se observa en la poca diferencia que hay entre los números de referencia y la situación de las líneas, que corresponden al día 6 en la persona A y al día 4 en la persona B.

Sin embargo, las líneas centrales, las correspondientes al ciclo Emocional no coinciden. La persona A comienza su ciclo el día 11, mientras que la B lo termina el día 9 y se encuentra en fase baja cuando A empieza a subir. Es decir, sus estados emocionales circulan en condiciones opuestas; decimos *circulan* porque estas posiciones se desarrollarán siempre así, durante toda la vida de ambas personas.

Respecto a la línea inferior, la del ciclo Mental, como en el caso del ciclo Físico, tiene bastante paralelismo, incluso con menor diferencia: la persona A comienza la fase alta mental el día 6 y la B el día 7.

Así pues, podemos constatar que estas dos personas tienen sus ciclos Físico y Mental prácticamente en consonancia y el ciclo Emocional totalmente desajustado. Como ya sabemos a qué características afectan cada uno de los ciclos, sobre este tipo de relación podemos deducir una gran compenetración en tareas laborales o asuntos de índole intelectual, pero también diferencias de talante para la diversión, el entretenimiento o las relaciones sociales.

Estos contrastes entre los ciclos de personas son los que originan muchas veces comportamientos aparentemente ilógicos en algunas relaciones. Como puede ser, y no es infrecuente entre parejas, la existencia de buena compenetración para abordar cuestiones de orden familiar, laborales o profesionales y, por otro lado, carecer al mismo tiempo de esa química o chispa especial que despierta el deseo de actividades más recreativas, relaciones sociales, e incluso las relaciones sexuales. También ocurre a la inversa, claro.

Sin embargo, esta referencia, el paralelismo de los ciclos, no ha de tomarse como una condición determinante en las relaciones. Hay que tener en cuenta el tipo de relación, no es lo mismo la relación de pareja que la laboral o la amistad; también el carácter de cada cual, pues las propiedades de cada ciclo se matizan con el carácter de cada persona, bien diluyéndose un poco o haciéndose más patentes. Pero, en cualquier caso, siempre es interesante conocer el estado de los ciclos de la gente de nuestro entorno, porque esto facilita una mayor comprensión entre todos.

14
Otros accidentes
Accidentes y muertes misteriosas

Fuera de la estadística de estudio, por pertenecer a otros años, analizamos algunos accidentes y muertes rodeadas de circunstancias misteriosas que en su día tuvieron amplio eco mediático. Algunos de estos sucesos aún lo siguen teniendo, pues las circunstancias y versiones publicadas, o manifestadas por presuntos testigos, continúan siendo confusas en algunos casos. Uno de los más extraños de la historia de España fue la muerte de Don Alfonso de Borbón a manos de su hermano Don Juan Carlos de Borbón, rey emérito, por el supuesto disparo accidental de una pistola.

Alfonso de Borbón y Borbón, 1956
Extraño accidente

Tras vivir sus primeros años en el exilio, a principio de los años cincuenta, Juan Carlos y Alfonso de Borbón vinieron a estudiar a España mientras la familia continuaba su exilio en Estoril (Portugal).

Durante 1956 el pequeño Alfonso, de 14 años, continuaba sus estudios de Bachillerato en Madrid y Juan Carlos, con 18, ya se encontraba como cadete en la Academia Militar de Zaragoza. Así lo habían acordado el general Franco y el padre de ambos, Don Juan, a quién correspondía la sucesión monárquica en España.

Don Juan de Borbón y sus hijos Juan Carlos y Alfonso en el año 1950 (fotografía 27).

En marzo de 1956 ambos hermanos viajaron a Portugal para pasar las vacaciones de Semana Santa en compañía familiar. El extraño y lamentable suceso ocurrió el día 29, Jueves Santo, al parecer sobre las 20 horas, en cierta habitación del chalé Villa Giralda, domicilio de los Borbón en Estoril. En aquella lluviosa y tranquila tarde, los dos hermanos jugaban con una pequeña pistola y un disparó sonó en la calma de la vivienda familiar. Todos se desplazaron urgentemente a la habitación donde se hallaban los niños y encontraron al pequeño Alfonso sobre el suelo con una gran mancha de sangre alrededor de la cabeza y a Juan Carlos con la pistola en la mano. El padre cogió enseguida al pequeño mientras prácticamente ya expiraba, moría en sus brazos. Según relatan testigos y familiares, Don Juan pidió la bandera de España que tenían en un mástil para cubrir el cuerpo del infante y, lleno de rabia y dolor, se dirigió a su hijo Juan Carlos, que permanecía de pie con la mirada perdida, hablándole con dureza y sin reparos: *«Júrame que no lo has hecho a propósito»*.

El dramático suceso no se investigó, ni juez, ni policía acudieron al lugar de los hechos. Tampoco se hizo la autopsia al cuerpo de Alfonso. Y la pistola, el arma homicida, fue arrojada al mar por Don Juan, según sus propias declaraciones, probablemente ya fatalmente resignado a proteger a su único hijo y la imagen de la familia monárquica dificultando las opciones de una posible investigación. No obstante, no se abrió expediente por indicaciones del gobierno de España, en plena dictadura franquista y en connivencia con la también dictadura portuguesa de Oliveira Salazar. Y tras una nota oficial para la prensa en la que se comunicaba que el disparo se había producido accidentalmente mientras el infante Alfonso limpiaba el arma, Juan Carlos regresó a España de inmediato. El gobierno franquista se convirtió en cómplice de este extraño suceso enviando inmediatamente un avión militar para rescatar a Juan Carlos nada más terminar la ceremonia del funeral, aún contando con la connivencia de las autoridades portuguesas y por si acaso, de la posible apertura de una investigación. A pesar de la nota oficial que falseaba los hechos, debido a las declaraciones de testigos cercanos y familiares, en Portugal ya era de dominio público que Juan Carlos fue el autor del disparo.

En el escueto relato de los hechos sorprende, no ya la posibilidad de un accidente, por grave que sea, sino que de inmediato, tras la muerte del infante en sus brazos, Don Juan, airado y agresivo, le exija juramento a su hijo mayor sobre la veracidad del accidente como tal. ¿Era posible albergar sospechas de lo contrario?... Se trataba de su padre quien hablaba, ¿alguien podía conocerlo mejor? Esta escena, tan inmediata y elocuente, genera desconfianza sobre las versiones de un suceso que desde el primer instante despierta suspicacia en el propio padre de Juan Carlos. Hoy, más de 60 años después, el asunto sigue manteniendo cierto interés mediático lleno de sospechas que se acrecientan al analizar el suceso con más detalles.

El siguiente dato que sorprende de este caso es el arma con la que se produce el disparo. Según los testimonios más fiables, la propia madre exponiéndolo en sus memorias, expertos militares y compañeros de la Academia Militar, ante los que Juan Carlos presumía de ella, se trataba de una semiautomática Star de 6,35 mm. Una pistola pequeña diseñada para defensa personal, más bien con efectos disuasorios que mortales. Por su pequeño calibre y velocidad de impacto solo podía ser mortal el disparo si se apuntaba directamente y a corta distancia sobre un órgano vital. El pequeño Alfonso recibió el tiro a bocajarro por la nariz, de abajo hacia arriba, alcanzando directamente el cerebro y causándole la muerte inmediata. Probablemente el punto más vulnerable para una pistola de bajo calibre y escasa fuerza que, a primera vista, por la zona en que se produce y la necesariamente forzada posición del arma para el disparo, sugiere la impresión de una acción más bien voluntaria que accidental.

Las sospechas aumentan ante la imposible credibilidad del comunicado oficial, cuando los hechos ya eran bien conocidos, y también luego al intentar explicar el accidente con otras insostenibles versiones. Como que un golpe fortuito con la puerta en el brazo de Juan Carlos originó el disparo involuntario y la bala, tras rebotar en la pared, alcanzó al infante por la nariz. Teoría inverosímil porque una bala disparada con la baja intensidad propia de una pistola de tan pequeño calibre, si rebota, por su baja inercia solo puede producir heridas superficiales o de cierta relevancia caso de alcanzar, por ejemplo, un órgano tan exterior y vulnerable como puede ser un ojo. Pero penetrar por la fosa nasal y llegar hasta el cerebro es prácticamente imposible.

Sin necesidad de completar aún las circunstancias con más datos, cualquier investigador, tanto por la inmediata reacción de Don Juan pidiendo juramento a su hijo, como por el forzado tipo de disparo, se preguntaría sobre qué posible móvil podría justificar una acción voluntaria, es decir un asesinato. ¿A quién podría beneficiar la muerte del pequeño Alfonso?

Don Juan de Borbón, sucesor legal de la corona de España, no admitió una especie de exilio interno con el trato de Príncipe de Asturias ofrecido por Franco tras la guerra. Con ello ocasionó un desagradable desaire al dictador, siendo apartado de España e ignorado por la dictadura franquista. Y aunque luego aceptó el trato con Franco de enviar a España a sus hijos para estudiar, y como posibles candidatos a la restauración monárquica, no estaba dispuesto a renunciar a sus derechos y aceptar las decisiones del dictador. Respecto a Juan Carlos, Don Juan tenía la impresión de que su hijo mayor se distanciaba de él y se había entregado a la tutoría del dictador con gran ambición por andar el camino hacia el trono de España. Por lo que posiblemente llegó a considerar la posibilidad, además de reclamar sus derechos, de designar heredero a su hijo menor, Alfonso, si seguía observándole a Juan Carlos un excesivo acercamiento a las influencias del dictador y su régimen totalitario. Estos internos recelos de Don Juan sobre la ambición de su hijo Juan Carlos y el riesgo de una posible continuidad política se confirman con hechos posteriores.

En primer lugar, Juan Carlos, en 1968, cuando aún no había sido oficialmente confirmado por el dictador, decidió ayudarse en su camino al trono en una entrevista con el embajador de Estados Unidos, Angier Biddle Duke. Ante la incertidumbre sobre el destino de España y un posible fallecimiento repentino de Franco debido a su edad, el embajador le manifestó a Juan Carlos que en la restauración de la monarquía, su padre, Don Juan, estaba antes que él. El apoyo a Don Juan ya se había planificado en 1943 entre el entonces presidente Roosevelt y Churchill. Pero en aquella entrevista con Biddle, Juan Carlos argumentó que su padre no era la persona adecuada para hacerse cargo del país y de los cambios que debían realizarse, era un hombre de otros tiempos, no de la modernización que necesitaba España. Al parecer, Juan Carlos fue convincente y a partir de aquel encuentro se desarrolló una importante complicidad entre ambas partes, hasta el punto de convertirse en confidente de la embajada sobre los planes de Franco. A Estados Unidos lo que le interesaba es que hubiera estabilidad política para poder seguir contando con el asentamiento de sus bases militares.

En segundo lugar, Juan Carlos fue nombrado sucesor por Franco sin que Don Juan aún hubiera abdicado. Lo cual, de mantenerse así, supondría una transición sin verdadera base legítima y expuesta al desprestigio internacional. Pero Don Juan no estaba dispuesto a ceder sus derechos sin condiciones. En agosto de 1976, unos meses antes de la muerte del dictador y ante sus síntomas de ancianidad, que podrían determinar su fallecimiento en cualquier momento, Don Juan solicitó una audiencia urgente a la embajada de

Estados Unidos. De forma contundente manifestó que no apoyaría a su hijo, reclamaría sus derechos dinásticos y, en última instancia y dado que su segundo hijo había muerto, nombraría heredero a su nieto si Juan Carlos no se comprometía a constituir de inmediato una democracia y daba continuidad a la política del dictador.

Por tanto, los recelos de Don Juan y las sospechas por parte de Juan Carlos sobre un posible cambio de heredero eran reales desde siempre y podrían formar parte de los temores de este en sus ambiciones. La existencia del infante Alfonso albergaba tal posibilidad, o la posesión en manos de Don Juan, aparte de sus propios derechos, de esta alternativa para negociaciones más exigentes sobre los planes de Franco y la política de Juan Carlos.

¿Pero realmente esta posibilidad de un cambio en la herencia dinástica podría ser considerada y advertida con tanto temor por Juan Carlos como para decidir un asesinato con apariencia de accidente?... Tal opción, en aquellas fechas y sin otra descendencia masculina directa, quedaría prácticamente anulada con la desaparición del infante Alfonso, según un supuesto plan. Como hemos recordado, Don Juan confirmó que albergaba en su mente esta opción si lo consideraba necesario y no renunció a ella, a pesar de todo, amenazando todavía en 1976 con nombrar heredero dinástico a su nieto en ausencia del infante Alfonso, muerto en tan extraño accidente.

Finalmente, muchos años más tarde, Juan Carlos, en conversaciones personales y en alguna entrevista, admitía haber ejecutado el disparo deliberadamente. Pero completaba su declaración aduciendo que creía no estar cargada la pistola y que la bala, rebotando en la pared, alcanzó luego a su hermano. Posibilidad inverosímil, como hemos comentado, por la insuficiente inercia que el disparo de una pistola de bajo calibre puede tener para herir mortalmente en el caso de rebotar en algún sitio. Si dividimos esta declaración en sus tres fragmentos, indudablemente esta última parte es falsa. ¿Trata con tal explicación Juan Carlos de encubrir la intencionalidad, o bien la grave imagen que podría suponerle reconocer una acción tan insensata como jugar con el cañón de la pistola en la fosa nasal de su hermano?... La primera parte —el disparo voluntario— es verdadera porque así lo afirma y ello también explica la necesariamente forzada posición de la pistola para un tiro que alcance el cerebro por las fosas nasales. Respecto a la parte central de la confesión —«*Pensaba que no estaba cargada*»— es dudosa.

¿La posibilidad del cambio dinástico, tal como nos hemos planteado, podría justificar el asesinato?... Sin un móvil claro, el suceso puede calificarse como homicidio por imprudencia, lo cual conlleva condena en cualquier persona y país normal, suponiendo que Juan Carlos, efectivamente, ignorase que el arma estaba cargada. ¿Pero, cómo puede ignorar que la pistola estaba cargada alguien que ya había sido adiestrado en la Academia Militar para el manejo de armas?... ¿Es posible tamaño y grave despiste?

En lo que a nosotros nos concierne, el examen del estado de Juan Carlos en aquél extraño día según los ciclos de sus Biorritmos, tal como se refleja en el gráfico, nos revela que el 29 de marzo de 1956 realmente tenía un mal día. Estaba en plena fase crítica del ciclo Físico y con los ciclos Emocional y Mental en su fase más baja. Como ya hemos comentado en capítulos anteriores, el ciclo Físico afecta de forma importante a las funciones musculares y, como todos los ciclos en fases críticas de cambio, ocasiona intermi-

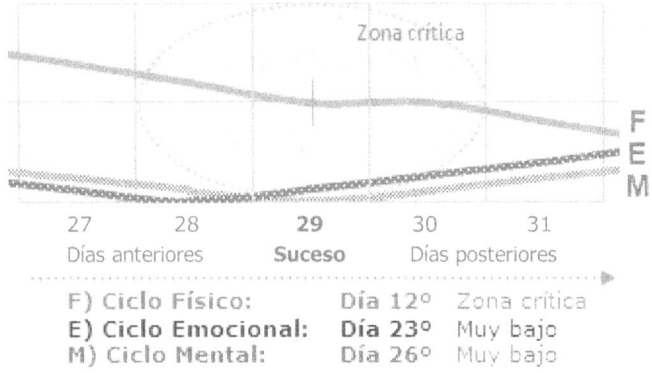

Ciclos de Juan Carlos de Borbón, 29/03/1956: dispara con una pistola sobre su hermano menor, Alfonso, causándole la muerte inmediata. Fecha de nacimiento: 5/01/1938, 18 años.

tentes alteraciones mentales que pueden provocar graves despistes y acciones erráticas. Posibilidades que se acrecientan si coinciden con un muy bajo estado del ciclo Mental, como es en este caso.

¿Tal estado de los Biorritmos de una persona pueden colaborar en desenlaces tan dramáticos como el disparo que acabó con la vida del infante Alfonso?... La realidad sobre el presunto accidente solo la sabe Don Juan Carlos. Pero ante hechos tan sorprendentes e inesperados como este, aparentemente incomprensibles y ocasionalmente sospechosos, nosotros recordarnos, por ejemplo, a deportistas bien entrenados que han perdido la vida por graves errores en días críticos, y casos como el trágico accidente del tren Alvia, que ya hemos visto, por el despiste de un maquinista profesional. También accidentes aéreos —veremos luego el de Spanair en Madrid, en 2008— provocados por distracciones de pilotos con cientos de horas de vuelo, como sabemos, bien formados para ejecutar meticulosos procedimientos en el control de los modernos aviones.

En este sentido, también se preguntaban cronistas de la época —aún lo hacen documentalistas de hoy— cómo fue posible que un esquiador con la experiencia de Don Alfonso de Borbón y Dampierre, primo de Don Juan Carlos, pudiera ser victima del accidente que le costó la vida entrenando en Estados Unidos, en 1989. ¿Accidente o atentado?

Alfonso de Borbón y Dampierre, 1989
¿Conspiración o accidente?

Don Alfonso de Borbón y Dampierre era primo de Don Juan Carlos por ser hijo de Don Jaime de Borbón, hermano del su padre Don Juan, ambos hijos del rey Alfonso XIII, exiliado por la república unos años antes del comienzo de la guerra civil en 1936. Don Jaime de Borbón fue heredero de la corona de España y Duque de Anjou (línea dinástica de los Borbones en Francia) tras la renuncia de su hermano mayor, por lo que Alfonso de Borbón constituía el eslabón siguiente en la línea sucesoria. No obstante, Alfonso XIII obligó a Don Jaime también a renunciar a la corona por la limitación física que le suponía el ser sordo. Pero años después, argumentando que a tal renuncia había sido obligado por su padre contra su voluntad, mediante la firma de un documento en este sentido sin testigos, Don Jaime reclamó sus derechos autoproclamándose de nuevo heredero de la corona de España, Jefe de la Casa Real de los Borbones en la línea dinástica española y Duque de Anjou en la rama francesa. Por estas razones, Alfonso de Borbón especuló durante algún tiempo con la posibilidad de ser seleccionado por Franco para ocupar la corona de España. Pero finalmente el dictador nombró a su primo Juan Carlos, y Don Alfonso lo aceptó, ratificando la designación con su firma como testigo. A partir de entonces, en teoría y según el público desistimiento de su padre a la renuncia que años antes había hecho, Don Alfonso fue legitimado por los monárquicos franceses como heredero y Jefe de la Casa Real de Francia con el nombre de *Louis XIX*.

Debido a este laberinto familiar de renuncias desistimientos y competencia en las líneas dinásticas, Don Alfonso, que inicialmente fue un personaje algo incómodo en los planes de Juan Carlos y Franco, luego lo sería para el gobierno francés. Quizá por ello, cuando en 1989 murió a causa de un accidente bastante extraño mientras esquiaba, se especuló con la posibilidad de un atentado.

La verdad es que se trató de un accidente poco común, aparentemente bastante absurdo. El 30 de enero de 1989, Don Alfonso se encontraba en las pistas de esquí de Beaver Creek (Colorado, EE. UU.), con motivo de la celebración de unas competiciones, e inspeccionaba el estado de las pistas esquiando junto a su amigo, campeón austriaco, Toni Sailer, la esposa de este y el encargado de seguridad. Al llegar a la zona prevista para la meta del día siguiente, Toni observó un cable de acero a baja altura y gritó a Don Alfonso, que aún venía detrás esquiando, avisándole del posible peligro. Pero Don Alfonso no redujo la velocidad ni el trayecto e impactó su cuello violentamente contra el cable de acero, de unos 4 mm de espesor, que casualmente en aquellos instantes se elevó a su paso.

El cable que sesgó la vida de Don Alfonso, destinado a mantener la pancarta de Meta de la siguiente competición, estaba siendo manipulado por un operario de la pista que desapareció de inmediato. Otra extraña cuestión es el hecho de que Don Alfonso, gravemente herido, permaneciera tendido en el suelo en el lugar del accidente durante más de media hora, sin que el médico de las instalaciones permitiera su urgente traslado en ambulancia a un hospital cercano en tanto no apareciera la policía.

A pesar de la extrañeza que causa el desarrollo de este accidente, la torpe y negligente actuación del personal de las instalaciones, un análisis de los detalles apunta más a un caso de accidente que de atentado. En primer lugar, la inspección de la pista solo estaba autorizada para el jurado y personal de la competición. Don Alfonso no tenía autorización para esquiar en esos momentos, quizá pudo hacerlo por su amistad con Toni Sailer y por la influyente personalidad de este ante el encargado de la seguridad. Por tanto, nadie podía prevenir a ciencia cierta que Don Alfonso iba a circular por la pista a aquella hora. Además, fue alertado sobre el cable por Toni Sailer sin que con ello redujera la velocidad ni modificara la dirección, por lo que se puede deducir que no se percató de la advertencia.

Aquel día, Don Alfonso se encontraba en fase crítica de cambio del ciclo Emocional, situación en la que, igual que en el cambio de todos los ciclos, sobrevienen intermitentes alteraciones mentales que pueden generar errores o distracciones con posibles y graves consecuencias en función de los riesgos del momento.

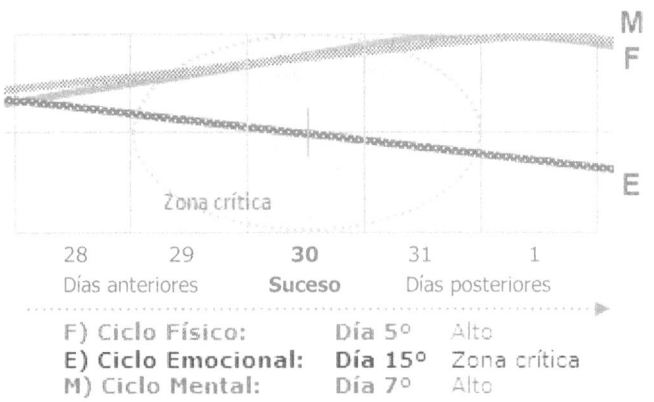

Ciclos de Alfonso de Borbón, Duque de Cádiz, 30/01/1989: muere en accidente mientras esquiaba en Colorado, Estados Unidos. Fecha de nacimiento: 20/04/1936, 52 años (fotografía 28).

Finalmente, el operario fue localizado y la familia recibió una indemnización millonaria por parte de la empresa organizadora de las competiciones.

Tan grave, o quizá más, fue la distracción de Don Alfonso cinco años antes, en 1984, al saltarse un Stop mientras conducía su automóvil, provocando con ello un violentísimo accidente por el que perdió la vida su hijo mayor y casi él mismo.

El domingo, 5 de febrero de 1984, sobre las ocho de la tarde, Don Alfonso volvía de esquiar en la estación de Astún conduciendo su automóvil Citroën CX, en el que viajaban también sus dos hijos y la institutriz. En el cruce de la autopista AP15 con la hoy nacional N113, situado en el término municipal de Corella (Navarra), Don Alfonso, distraído y a gran velocidad, se saltó un Stop y colisionó brutalmente por su parte derecha con un camión Pegaso cargado de material para la construcción. Como consecuencia, el camión perdió la rueda delantera y se desplazo oblicuamente más de cincuenta metros, mientras que el hijo mayor de Don Alfonso, situado en el asiento delantero —zona que quedó completamente destrozada—, quedó tan malherido que moriría dos días después. También se temió por la vida del propio Don Alfonso, que posteriormente fue acusado y condenado por un delito de imprudencia temeraria, según se relata y afirma por los testigos, el informe de la guardia civil y el fiscal:

> El día 5 de febrero de 1984, sobre las ocho de la tarde, el procesado conducía por la carretera que enlaza la autopista A15 con la C101, de Guadalajara a Tafalla, en la que existen señales indicativas de la proximidad de un cruce y donde el

automóvil del procesado debía haberse detenido. Para este fiscal, el accidente se produjo por circular el acusado a excesiva velocidad y completamente distraído, haciendo caso omiso de la señalización.

En el gráfico que representa los Biorritmos de Don Alfonso de aquel día podemos ver que sus ciclos se encontraban en una doble, prácticamente triple, fase crítica de cambio. En pleno cambio del Físico y Mental y en las inmediaciones del Emocional. Con los tres ciclos en fase crítica, las habituales e intermitentes fallas mentales que se producen en los cambios de cualquier ciclo se multiplican en este tipo de combinaciones agravando los riesgos en el manejo de herramientas, maquinarias y conducción de vehículos.

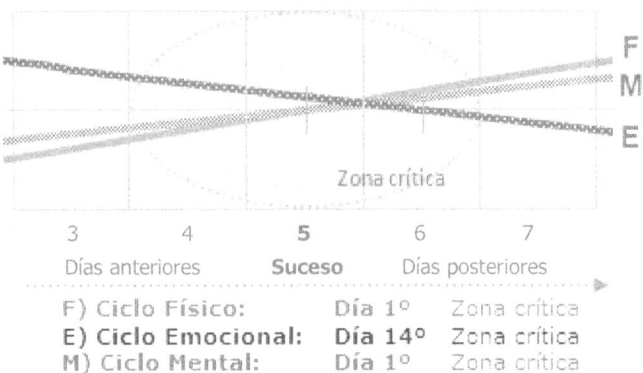

Ciclos de Alfonso de Borbón, Duque de Cádiz, 5/02/1984: accidente de automóvil en Navarra, por saltarse un *Stop*, en el que muere su hijo mayor, Francisco.

Por curiosidad hemos revisado los accidentes de tráfico más mediáticos de los últimos años en España. Algunos no forman parte del estudio estadístico por haber sucedido en fechas muy alejadas del periodo que comprende, pero constituyen un resumen significativo. Se han seleccionado solo aquellos accidentes en los que el protagonista principal es el conductor del vehículo. Probablemente uno de los más mediáticos fue el del torero José M. Ortega Cano, en 2011, que le supuso una condena penal por la muerte del conductor del vehículo con el que colisionó.

José M. Ortega Cano, 2011
Accidente mortal

El 28 de mayo de 2011, sábado, alrededor de las diez y media de la noche un vehículo marca Mercedes circulaba por la pequeña localidad de Burguillos (Sevilla) a gran velocidad, de forma descontrolada. Un vecino denunció el hecho a la policía municipal, se trataba del monovolumen que conducía el torero Ortega Cano, como más tarde se demostraría, bajo los efectos del alcohol. Según las pruebas posteriores, el torero casi triplicaba la dosis permitida de alcohol y conducía a 125 km/hora en una zona limitada a 50.

Una hora más tarde de su paso por Burguillos, circulando en dirección hacía su domicilio en Castilblanco de los Arroyos y en el curso de una curva, el monovolumen del torero invadió el carril izquierdo chocando contra un turismo que circulaba en dirección contraria. Tan violento fue el impacto que el conductor del turismo murió en el acto y el motor de su vehículo salió despedido contra un tercer vehículo cuyo ocupante afortunadamente quedó ileso.

El torero sufrió gravísimas heridas que hicieron temer por su vida. Tuvo que ser intervenido de urgencia y permaneció cuarenta y cinco días en la UCI. Meses más tarde, en base a los informes del equipo especial de investigación de accidentes la Guardia Civil, fue juzgado y condenado a prisión por conducción temeraria y homicidio. Si examinamos el estado de sus ciclos, vemos que Ortega Cano realmente tenía un mal día.

La misma decisión de beber por encima de lo normal y conducir después, delata un estado mental poco juicioso que se corresponde con el gráfico de sus tres ciclos. El torero se encontraba en fase crítica de los ciclos Mental y Emocional.

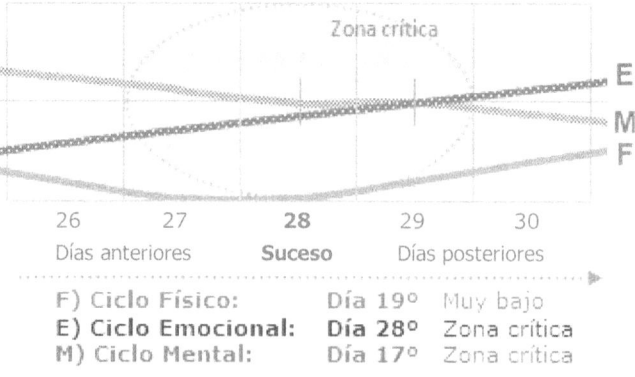

José M. Ortega Cano, torero, 28/05/2011: sufre grave accidente de carretera. Fecha de nacimiento: 27/12/1953, 57 años (fotografía 29).

Además, con el ciclo Físico en fase muy baja, tal como ya comentamos, se acrecientan los efectos negativos del alcohol en el organismo afectando especialmente al equilibrio y control muscular.

Artistas, cantantes y deportistas son frecuentes en el historial de los accidentes de circulación más recordados. Casi al mismo tiempo de ultimar este capítulo, poco antes de su publicación, tuvimos noticia del grave accidente de tráfico que costó la vida al joven cantante Alex Casademunt.

Alex Casademunt, 2021
Accidente mortal

En la noche del 2 de marzo una terrible noticia nos impactaba a todos, muy especialmente a los jóvenes, en las redes sociales y en los noticiaros más inmediatos. Alex Casademunt, uno de los populares cantantes del programa *Operación Triunfo* de Televisión Española en 2001, había muerto en un grave y extraño accidente de tráfico.

Cerca de las diez de la noche, circulaba con su vehículo por Mataró (Barcelona), al parecer regresaba de una reunión con amigos moteros. Decíamos extraño accidente porque sucedió en un tramo corto de carretera entre dos plazas, la Plaça de França y la Plaça de la Gran Bretanya, rotondas diseñadas para distribuir y ralentizar el tráfico. Por tanto, es un tramo donde no se puede, ni se debe, circular a gran velocidad, y en donde se visiona fácilmente a los vehículos que nos vienen en sentido contrario. Especialmente a los voluminosos, como el autobús de línea urbana que se dirigía hacia la rotonda de Gran Bretanya y con el que chocó de frente Alex por su izquierda, de forma tan violenta que le provocó la muerte de inmediato y dejó su cuerpo terriblemente herido y aprisionado en su vehículo, un Volkswagen T-Cross.

Se necesitaron varias dotaciones de bomberos trabajando durante cuarenta y cinco minutos para poder extraer a Alex. El conductor del autobús, que salió ileso, tuvo que ser llevado al hospital en estado de shock sin que pudiera explicar en ese momento detalles del suceso.

Horas más tarde, algo recuperado y preguntado por un familiar, respondió que no sucedió nada anormal mientras conducía, simplemente de pronto se encontró de frente con el coche de Alex sin darle tiempo a reaccionar para poder evitarlo: «*Solo agarré el volante y frené*».

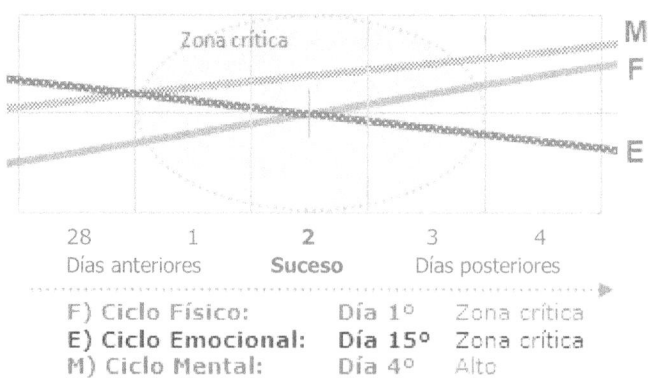

Ciclos de Alex Casademunt el 2/03/2021: grave accidente de carretera en el que muere. Fecha de nacimiento: 30/06/1981, 39 años (fotografía 30).

Siendo, como decíamos, un tramo corto entre dos rotondas, donde no se puede alcanzar demasiada velocidad, es necesario que alguno de los dos vehículos invada el carril contrario para que el choque se produzca. Según puede verse en una fotografía publicada por el periódico *La Vanguardia* en Internet, que enfoca la totalidad de la carretera y a ambos vehículos, el autobús por su parte trasera y el Volkswagen de Alex, que tras el golpe se desplazó horizontalmente hasta ese mismo punto, se observa con claridad que el autobús está perfectamente alineado a su derecha, a la escasa pero correcta distancia de la línea blanca de demarcación y la barrera metálica de seguridad. Por lo que se deduce que fue el vehículo de Alex el que invadió parte del carril contrario, quizá por distracción, exceso de velocidad, o ambas cosas.

El día 2 de marzo, Alex atravesaba una doble zona crítica, las de los ciclos Emocional y Físico. Este último, como hemos visto ya varias veces, en su fase inicial, la que estimula actos impulsivos, deseos de velocidad en los conductores y puede crear despistes por excesos de confianza.

Recordando a cantantes, deportistas, y otros personajes públicos que fallecieron en accidentes de circulación, revisamos los más mediáticos que se sucedieron en nuestro país en los últimos años. En la siguiente tabla vemos el resumen con el estado de los Biorritmos de los protagonistas, los mismos conductores, y el porcentaje final de coincidencias con fases críticas de sus ciclos.

Accidentes de tráfico mortales y ciclos en fase crítica

16/04/73, Nino Bravo, cantante	No
04/11/76, Carnicerito de Úbeda, torero	Sí, 1
05/02/84, Alfonso Borbón, Duque de Cádiz	Si, 3
03/12/89, Fernando Martín, Jug. de baloncesto	Sí, 1
17/08/90, Bruno Lomás, cantante	Sí, 1
06/04/93, Miguel A. Campuzano, velocista	Sí, 1
24/05/01, Francisco J. Urruti, guardameta	No
28/05/11, José Ortega Cano, torero	Si, 2
06/06/14, Carlos Montes, jugador de baloncesto	Si, 1
20/07/14, Alex Angulo, actor	Si, 1
03/08/17, Ángel Nieto, campeón de motociclismo	No
01/06/19, José A. Reyes, futbolista	No
18/12/19, Patxi Andión, cantante	Si, 2
02/03/21, Alex Casademunt, cantante	Si, 2
Total: 14 accidentes, 10 en fases críticas	**71,42%**

Los avances tecnológicos intentan continuamente ayudarnos a evitar errores en el uso y manejo de aparatos y máquinas de todo tipo. Así lo vemos en los modernos vehículos, trenes y aviones. Especialmente en estos últimos, donde gran cantidad de sensores y controles electrónicos, muchos informatizados, se combinan con exigentes cualidades físicas, formación técnica y disciplinaria de los pilotos, así como con una estudiada metodología de actuación.

Y es que, a pesar de la maravilla tecnológica de la naturaleza que es nuestro cerebro, el error humano sigue siendo la causa principal de la mayoría de los accidentes. Así ha sucedido en los más graves accidentes de transportes de pasajeros en España en los últimos años: el del moderno tren Alvia —que ya hemos visto— en Santiago de Compostela, en 2013, con 80 victimas, y el del vuelo de Spanair en Madrid, en 2008.

Vuelo Spanair MD-82 JK5022, 2008
Accidente en Madrid-Barajas

Siempre impresiona, ante todo tipo de accidentes o catástrofes naturales, la posterior revisión de sucesos, aparentemente triviales, acciones y decisiones acaecidas poco antes del siniestro, bien por parte de los protagonistas involucrados o por personas a las que ciertas casualidades les libran del percance.

El 20 de agosto de 2008, el vuelo de Spanair MD-82 JK5022 se estrelló en el aeropuerto de Madrid al despegar, falleciendo 154 personas, solo 18 pasajeros consiguieron sobrevivir. Alfonso, vigués que deseaba viajar a Las Palmas con su hijo, y una desconocida pareja canaria, no olvidaran nunca cómo llegar tres minutos tarde al mostrador de facturación les impidió tomar el vuelo. Tampoco la viuda de Rubén olvidará los instantes en que pedía a su marido, ya a bordo, abandonar el aparato tras saber por un mensaje que saldrían con retraso debido a una revisión, y este intentó abandonar el avión insistentemente antes del despegue sin que la tripulación se lo permitiera. El avión había regresado a las instalaciones de asistencia tras un primer intento de despegue para examinar un sensor de temperatura que daba lecturas erróneas, ocasionándose con ello un grave retraso y provocando cierta tensión a bordo.

Según las grabaciones de cabina, el copiloto, terminada la revisión y mientras se iniciaba el segundo y dramático intento, enfadado, le decía al comandante que iba a solicitar no volver a volar con él, pues esta avería que les retrasaba era el tercer incidente que sufrían juntos. Ambos fallecieron, fueron encontrados por los bomberos con los brazos rotos fuertemente agarrados a los mandos del avión. Una auxiliar de vuelo salió con vida del arroyo al que fue disparada por el impacto gracias a un cambio de asiento en el último momento. Su posición inicial era en la zona central, que no tuvo supervivientes, pero un azar organizativo poco antes del despegue la colocó en la parte delantera, donde ella y varias personas más consiguieron sobrevivir y observar luego dramáticas escenas entre las que un niño, aturdido mientras era rescatado por un bombero, preguntaba «*¿Cuándo se acaba la película?*».

El comandante del aparato MD-82 (McDonnell Douglas), Antonio García Luna, observó durante el inicio del primer intento de despegue que el indicador de la temperatura exterior marcaba por encima de los 100°, cuando en realidad la temperatura del día era de unos 28°, por lo que decidió abortar el despegue y regresar a la zona de mantenimiento para que el dispositivo fuera revisado. «*Yo con el aparato así no vuelo*», comentó al copiloto. El sensor de temperatura tenía importancia porque podría afectar a la navegación automática. Los técnicos no encontraron la causa primaria del problema y ante el grave retraso que se estaba sucediendo optaron por desconectar el dispositivo, dejarlo inoperativo; la normativa de mantenimiento (MEL) y equipamiento mínimo permitía que el aparato pudiera volar en estas condiciones si la temperatura de la travesía no iba a ser de frío extremo, cosa imposible en pleno verano de España. Para ello quitaron el fusible de un relé intermedio que permitía la alimentación de la sonda. Durante la revisión, el centro de control de Spanair, en Palma de Mallorca, autorizó el cambio de aeronave si la tripulación lo solicitaba. Pero el comandante, tras conversar con los técnicos decidió volver a la pista con el mismo aparato. Probablemente desconociendo, como también los técnicos —extrañamente—, que aquel relé desconectado no solo controlaba la sonda de temperatura, también la señal de alarma para el caso de una incorrecta posición de los Flaps durante la maniobra de despegue. Los Flaps y Slaps son unas partes móviles de las alas cuyas posiciones y ángulos graduables, controlados desde la cabina de mando, permiten que se puedan ejecutar correctamente las maniobras de despegue y aterrizaje. Sin embargo, la normativa MEL del fabricante permitía volar sin este control. ¿Por qué?

Porque en los obligados procedimientos previos al despegue, tras el encendido de motores, el copiloto ha de revisar el estado de todos los controles y palancas mientras espera autorización para rodar por la terminal hasta la pista de despegue. Una revisión que se realiza recitando los controles en voz alta para ser escuchada por el comandante, y que se compone de tres listas, las cuales, todas ellas, incluyen la supervisión del estado de Flaps y Slaps. Es decir, la norma pre vuelo crea hasta tres obligadas ocasiones para comprobar el estado de los Flaps. Sin embargo, sorprendentemente para el caso de dos expertos profesionales, especialmente el comandante, esto no sucedió. Precisamente él mismo interrumpió el proceso de revisión iniciado por el copiloto antes de comentar la configuración de los Flaps: *«Pide ya la autorización a control para ponernos en marcha»*. Probablemente apurado también por el retraso y el calor en la cabina, el copiloto dejó de lado las listas, se comunicó con la torre de control e iniciaron camino a la pista recitando de memoria ciertos controles, pero sin examinarlos detenidamente, sin que ninguno de los dos tripulantes observara que la palanca de graduación de los Flaps no se había ajustado, estaban replegados. Una posición con la cual el despegue se hace casi imposible, máxime si la aeronave va muy cargada.

Localización de los Flaps en un avión comercial (fotografía 31).

El avión comenzó a rodar, los motores tomaron potencia, pero avanzaba por la pista sin que, transcurrido el tiempo medio estimado, lograra levantar el vuelo. Pasajeros, algunos otros profesionales de Spanair que iban a bordo y espectadores circunstanciales empezaron a notar que algo raro estaba pasando. Casi en los últimos metros de pista los motores rugieron al máximo de potencia, el aparato se elevó unos doce metros, inmediatamente comenzó a balancearse y luego giró a la derecha descontrolado, saliéndose así de la pista y estrellándose cerca de un riachuelo.

En un primer momento se imputaron a los técnicos de mantenimiento como posibles culpables del accidente, pero posteriormente las investigaciones determinaron que en ausencia de la señalización del control desactivado, los pilotos eludieron hasta en tres ocasiones la revisión del estado de los Flaps, inicialmente interrumpida por el propio comandante.

Antonio García Luna, un piloto experimentado, tenía sus Biorritmos atravesando de lleno una doble fase crítica de los ciclos Físico y Mental; lo que favorece, ya sabemos, despistes o errores que pueden tener fatales consecuencias en acciones de alto riesgo.

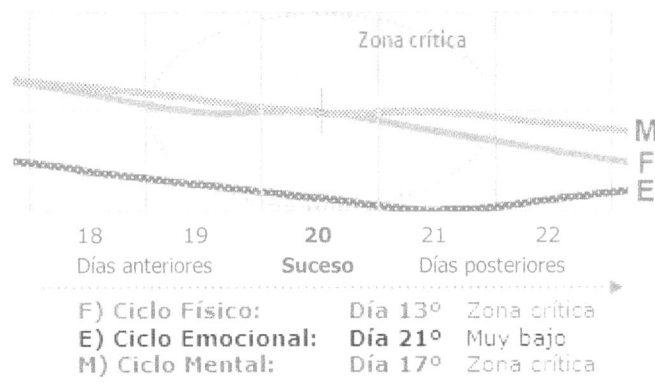

Ciclos de Antonio García Luna, 20/08/2008, comandante del vuelo. F. Nacimiento: 24/07/1969, 39 años (fotografía 32, el avión siniestrado).

Una señal previa a todo el proceso del accidente, indicadora sobre ese estado propenso a graves distracciones, es la observación relatada por un operario de suministro de combustible en la zona de aparcamiento donde se estacionó el aparato por segunda vez. Tras haber advertido el comandante la avería de la sonda de temperatura y regresar al aparcamiento, este operario fue avisado para suministrar mil litros más de combustible al avión. El comandante, tras saludarle y agradecerle que viniera tan pronto, se fue a hablar con los técnicos. El operario observó entonces que las luces de posición del aparato las habían dejado encendidas, algo que no se debe hacer mientras el aparato reposta combustible. Otra grave distracción.

El Spanair MD-82 supuso la mayor catástrofe, no solo de la aviación española de las últimas décadas, también de Europa. Mayor incluso que la provocada en 2015 por el copiloto suicida Andreas Lubitz.

El suicida, tal como habíamos comentado luego, mayoritariamente es un tipo de persona que nace con tal predisposición, derivada de una anomalía en el funcionamiento de su química cerebral. Pero a veces, cuando se trata, además, de personas adictas al consumo de estupefacientes, es difícil determinar si un fallecimiento por sobredosis fue la consecuencia de un acto voluntario para acabar con su vida o el resultado de un exceso, de una dosis mal calculada durante cierto estado crítico de la victima. Esa es, por ejemplo, la duda que aún hoy es planteada sobre la muerte, en 1995, del cantautor Antonio Flores, hijo de la inolvidable artista flamenca Lola Flores.

Antonio Flores, 1995
Sobredosis suicida

Antonio Flores, según todos los testimonios de quienes le conocieron, era una persona bastante sensible, como lo reflejan muchas de sus composiciones, y especialmente unido a su madre, con quien mantenía una conexión emocional muy intensa. Lola Flores llegó a construirle una casita, «La cabaña», en el jardín de su chalé de la Moraleja (Madrid) para tenerle cerca el mayor tiempo posible. Pues, aparte del gran amor que les unía, Lola estaba muy preocupada, sufría muchísimo, por la fuerte adicción a las drogas que Antonio padecía desde hacía años. Inicialmente trató de ocultar este problema públicamente, pero no tuvo más remedio que reconocerlo luego confesándolo en una entrevista, contando como su hijo había estado ya hasta siete veces a las puertas de la muerte y ella misma, agobiada en extremo por la enfermedad que ya padecía y el estado de Antonio, llegó a pensar en el suicidio.

Las muertes por sobredosis de estupefacientes agrupan un alto porcentaje de artistas, especialmente cantantes y compositores como Antonio Flores; a lo largo del presente estudio hemos visto ya bastantes ejemplos, más de la mitad de los casos de sobredosis, bien por exceso consciente o por descuido.

No hay pruebas demasiado evidentes de que Antonio Flores, además de su drogodependencia, padeciera algún trastorno mental por el que se le pudiera clasificar como latente suicida. Según también numerosos testimonios de familiares y amigos, Antonio era propenso a largas y profundas depresiones que parecían deberse a su alta dependencia. Sin embargo, años antes, al cantante le sucedió una extraña y significativa reacción. La malagueña Amparo Muñoz, Miss Universo 1974, con quien mantuvo una relación, cuenta en sus memorias cómo un día, mientras cenaban con su representante en una tranquila velada, Antonio sufrió una especie de brote psicótico que asustó a ambos al manifestar de repente que deseaba suicidarse, saltar al vacío desde la terraza donde estaban cenando. Este episodio podría identificar un perfil suicida. Pero a falta de más evidencias, de referencias sobre un tratamiento médico especifico en este sentido, además de la particular sensibilidad y ese exceso de involucración emocional con su madre, algo fuera de lo más habitual, todo parece indicar que se trataba de una persona con cierto desorden emocional de propia naturaleza que quizá se agravó con el consumo de drogas.

En aquellos días del mes de mayo de 1995, Antonio estaba apesadumbrado por el grave estado de su madre y muy delgado; apenas comía, su aspecto físico y abatimiento psíquico ya se hizo preocupante para familiares y amigos tras la muerte de Lola Flores. Tal fue su pena que, el día que ella murió, se rompió la mano derecha de un puñetazo en la pared. Por entonces, sobrellevaba un nuevo tratamiento de desintoxicación, pero bebía demasiado, a pesar de los intentos de Irene, su novia, que para tratar de evitar excesos le vaciaba, en momentos de distracción, las botellas de ginebra. En su última noche, según testimonio de Irene, Antonio estaba especialmente deprimido y bebió bastante.

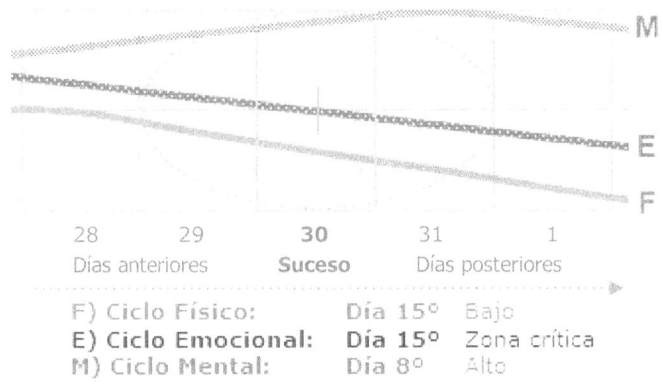

Antonio Flores, 30/05/1995, estado de sus Biorritmos el día de su fallecimiento. Fecha de nacimiento: 14/11/1961, 33 años.

Fuentes policiales hablaron de muerte por sobredosis de alcohol y medicamentos. No obstante, a pesar del cuadro depresivo que presentaba, según se desprende de su comportamiento y las últimas conversaciones con Irene, el desenlace no da la impresión de tratarse de un suicidio, más bien de un exceso de dejadez personal extrema, mezclando el alcohol con los medicamentos del tratamiento en un momento también de agotamiento, en estado de extrema debilidad física. Aquel día,

Antonio se encontraba en plena fase crítica y a la baja del ciclo Emocional.

El paralelismo de sentimientos entre ambos era tal que Antonio llegó a decir en vida que si él moría primero, su madre vendría tras él. Justamente ocurrió a la inversa, Lola murió y se lo llevó a él.

Los artistas, como ya hemos visto y comentado, son frecuentes victimas de sobredosis de estupefacientes, accidentalmente, por voluntarias combinaciones arriesgadas o dosis mal calculadas. Y hay ocasiones, especialmente cuando se trata de personajes muy mediáticos, en las que si esto resulta difícil de dilucidar, las especulaciones sobre accidente, suicido, e incluso asesinato, rondan permanentemente alrededor de su recuerdo.

Michael Jackson, 2009
¿Asesinato, accidente o suicidio?

En la mañana del día 25 de junio de 2009 fallecía el mítico cantante y compositor Michael Jackson, el «Rey del pop», como consecuencia de una sobredosis de medicamentos calmantes y analgésicos. Una personalidad trascendente en el mundo musical y la moderna cultura de la juventud que alcanzó records espectaculares a lo largo de su extraordinaria carrera. Michael Jackson está inscrito en el libro *Guinness* como «El artista más exitoso de todos los tiempos», su álbum *Thriller* es el más vendido de toda la historia musical, con 65 millones de copias, ha sido galardonado con más de 40 premios musicales y ha colaborado con numerosas asociaciones benéficas de todo el mundo, algo por lo cual también está inscrito en el libro *Guinness*. Es el único artista de la historia que ha mantenido números uno en las listas de éxitos a lo largo de cuatro décadas. Llenó siete veces el estadio de Wembley de Londres y su entierro, televisado en todo el mundo, fue seguido en directo por unos 2.500 millones de personas.

Michael, que además de gran cantautor se caracterizaba por su personalidad excéntrica y maniática, presenta la imagen de un genio con una existencia extraña, accidentada emocionalmente desde muy pronto por la influencia en su niñez de un padre autoritario, cierta megalomanía y una mirada frecuentemente como ajena a la realidad, pareciendo alguien caído en un mundo que no es el suyo. Especialmente duros fueron los últimos años de su existencia, acusado de abusos infantiles sin ninguna prueba concluyente, extorsionado y humillado hasta limites vergonzosos tras haber llenado estadios en todo el planeta y vender más millones de discos que el resto de los artistas de su tiempo. Todo ello debió suponerle un terremoto emocional interno difícil de sobrellevar, que probablemente incrementó su adicción a los calmantes y analgésicos. Igual que muchos genios, Michael parecía condenado a sobrellevar una misteriosa vida llena de intensidades y rodeada de permanentes especulaciones tal como luego, no iba a ser menos, también su muerte.

Oficialmente, tras el informe de la autopsia, la muerte del cantante fue confirmada como consecuencia de una combinación de calmantes con el analgésico Propofol, del que se encontró tan anormal cantidad que pudo afirmarse ser la causa principal. El Propofol es un analgésico para uso en ciertas intervenciones quirúrgicas, se trata de un componente químico de alto riego que debe ser administrado por especialistas con permanente vigilancia de las constantes del paciente. En el caso de Michael, parecía ser utilizado por su médico con alguna regularidad ante la falta ya de efectividad de otros calmantes en su organismo. La gran cantidad de Propofol encontrada en el cuerpo del artista supuso el encausamiento y condena de su médico, el doctor Conrad Murray, por homicidio involuntario, al parecer por excederse en la dosis y desatender su vigilancia.

Sin embargo, la resolución del caso no parece convencer a buena parte de su público y, como pasa con muchos mitos, alrededor del relato de los acontecimientos circulan también míticas especulaciones. Cuando un famoso presenta síntomas agonizantes o muere, muchas personas en su entorno comienzan a agitarse nerviosamente, frecuentemente intoxicando involuntariamente el escenario del suceso y perjudicando la posterior investigación, convirtiendo descuidos y acciones angustiosas, a veces, en aparentes acciones encaminadas a disimular imprudencias o encubrir un asesinato.

Las argumentaciones sobre la hipótesis de un asesinato, en el que el doctor sería la mano ejecutora de una conspiración, especulan por dos posibles vertientes. En ambas se incluye el testimonio de Prince, uno de los hijos de Michael, que la noche anterior a su fallecimiento y tras terminar una conversación telefónica su padre, le oyó a este decir «¡Me van a matar!». En la primera hipótesis, se piensa sobre el poder mediático de Michael y sus canciones, en las que reivindica consideración a los afroamericanos y denuncia el hambre en otras poblaciones desfavorecidas del planeta. Se trataba de un personaje muy incómodo para el establishment, difícil de manejar, favoreciendo quizá por ello una confabulación de la que también formarían parte la promoción pública de las acusaciones de abusos con objeto de desprestigiar su imagen.

La segunda alternativa para justificar un asesinato vendría de una presunta conspiración concebida por la empresa que seleccionó al doctor Murray, AEG Live, la misma con la que Michael tenía contratada la vuelta a los escenarios en una gira que nunca se produjo, pero que ya antes de su inicio se había convertido en un nuevo record. La gira se había planificado para 10 conciertos, pero nada más anunciarse las entradas se agotaron en una hora, constituyendo la venta más rápida de aforo de toda la historia musical y generando la ampliación de la gira a 50 conciertos. Tal reacción del público demostró que las acusaciones de abusos y la humillación pública a la que fue sometido por los altavoces informativos de todo tipo y en todo el mundo, no mermaron su imagen artística y enorme capacidad de convocatoria. Sin embargo, durante los ensayos previos a la gira, algo irregulares, quizá los promotores empezaron a ser conscientes de que Michael, tal como se confirmó tras la autopsia, no se encontraba en condiciones físicas de afrontar la gira que se estaba planificando. Pesaba poco más de cincuenta kilos, tenía todo el cuerpo lleno de cicatrices por las continuas inyecciones de calmantes y tanto los pulmones como sus intestinos se encontraban muy dañados. Realmente Michael no podría realizar el esfuerzo que conlleva una gira de conciertos en directo. Opiniones sobre estas circunstancias son las que apuntan a la posible provocación de una muerte accidental del artista. Recordando el caso de Elvis Presley, agotado físicamente por el abuso de drogas y convertido en una caricatura de sí mismo en sus últimas actuaciones, podría considerarse el evitarle un final similar a la figura artística de Michael Jackson, y que muerto generaría más ingresos comerciales por las ventas de discos y derechos que la castigada y débil imagen de su decadencia con la, más que probable, suspensión de la gira y el descubrimiento de su lamentable estado.

Aparte de estas dos teorías fundamentales entre los partidarios de una conspiración, también se habla de un posible suicidio. Algo que, teniendo en cuenta las circunstancias emocionales en que transcurría la vida del artista en sus últimos años, tampoco sería descartable. Respecto a las dos teorías principales, ambas podrían haberse complementado aunando influencias y medios en lo que sería un objetivo común para sus respectivos intereses. ¿Pero, tal influencia conseguiría la voluntad del doctor Murray para ejecutar el plan de una muerte accidental por sobredosis de analgésicos?... ¿Incluso aceptando la posibilidad de ser condenado por homicidio con la promesa de, gracias a influyentes poderes, conseguirle una pronta reducción de la pena, tal como ha sucedido?

Michael Jackson hacía años que no convocaba multitudinarios conciertos, y su imagen y actividad no tenían la pujanza, molesta en alguna medida políticamente, de otros tiempos. En el otro aspecto, la inmediata venta de las entradas para los conciertos inicialmente anunciados demuestra que, aún a falta de esa díscola pujanza, la proyección artística seguía siendo fuerte a pesar de su castigada imagen, por lo que tampoco el mal estado de salud y la posible suspensión de la gira habría mermado su capacidad de ventas discográficas. En líneas generales, no se perciben argumentos de verdadero peso para apoyar la posibilidad de una conspiración para asesinar a Michael Jackson.

El doctor Murray intentó defenderse en el juicio argumentando que tras administrar a Michael la dosis normal de Propofol que regularmente le inyectaba, 25 ml., se ausentó un tiempo de la estancia. Momento que podría haber aprovechado Michael para incrementar la dosis auto administrándose él mismo. Lo que sugiere otras alternativas probables: una acción irresponsable por parte del doctor, presionado por Michael —que intenta encubrir con esta explicación—, o realmente por parte de Michael, así como también el suicidio.

El cuadro de los Biorritmos de Michael el día de su fallecimiento, a nosotros nos presenta una perspectiva más compatible precisamente con alguna de estas últimas posibilidades. Pero es muy dudoso que un profesional de la medicina, muy bien pagado —Murray cobraba 150.000 dólares al mes—, bien consciente de los riesgos sobre la administración de Propofol y la fácil detección de las sobredosis de cualquier tipo en las autopsias, accediera a superar la dosis recomendada exponiéndose a perder su empleo y ser condenado por mala praxis.

Por otro lado, el descubrimiento de un diario personal del cantante, cuyo contenido se ha hecho público, revela que Michael tenía planes, grandes ideas, ciertamente megalómanas algunas, como es propio de muchos genios, pero que representan la imagen de una persona que sigue soñando, desarrollando deseos de nuevas metas. Lo cual no resulta sugerente para apreciar un perfil suicida.

Así pues, este conjunto de razonamientos, y no contando con más datos concluyentes, nos deja finalmente ante la posibilidad de la auto administración del analgésico, no suicida pero sí irresponsable, en el sentido de afrontar un riesgo exagerado, por parte de Michael y sin el control del doctor. Algo que es precisamente lo más compatible con su cuadro de

Biorritmos aquel día, una combinación que contiene similitudes a las de otros accidentes y fallecimientos por sobredosis que hemos examinado.

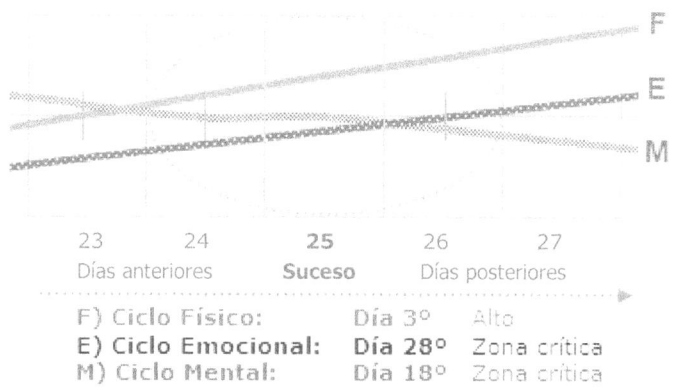

Michael Jackson, 25/06/2009: fallecimiento por sobredosis de analgésicos. Fecha de nacimiento: 29/08/1958, 50 años (fotografía anterior, 33, Michael en Viena, 1988).

El día 25 de junio, Michael se encontraba en el proceso de dos fases críticas, las de los ciclos Mental y Emocional. Y a muy poca distancia de la crítica del ciclo Físico, en el inicio reciente hacia la fase alta. Esta cercanía de la fase inicial del ciclo Físico es la que suele caracterizar accidentes de circulación y combinaciones arriesgadas de estupefacientes, como consecuencia de generar una alta, a veces exagerada, confianza en sí mismo desencadenando atrevimientos, como excesos de velocidad y otras acciones potencialmente suicidas; por la acción, no por el deseo, pues el individuo cree estar en condiciones de superar el riesgo. Idea y sensación más visceral que razonable por tener a la vez su ciclo Mental en fase crítica, propicia para el equívoco de cálculos y la realización de acciones erráticas. Todo ello combinado con la fase crítica del ciclo Emocional, que en circunstancias normales y personas sanas no es preocupante; pero siendo influyente este ciclo en el funcionamiento del corazón, una fase crítica sí presenta riesgos para alguien con ciertos problemas de salud y sometido, además, al impacto que supone la mezcla de calmantes con la alta dosis del peligroso analgésico. Esta suma de influencias puede favorecer la descompensación de ritmos internos y una posible parada cardiorrespiratoria.

No obstante, aunque el examen de las acciones finales que acaban con la vida de alguien determine un hecho ajeno a la verdadera voluntad consciente, tras un atento análisis, los acontecimientos previos derivados de decisiones voluntarias de ciertas personas parecen como la preparación inconsciente de su suicidio. Algo que también podría considerarse sobre Michael Jackson. Pero, sobre todo, tal es la impresión que da una de las más dolidas y mediáticas muertes en España, la del popular torero Francisco Rivera, «Paquirri».

Francisco Rivera «Paquirri», 1984
Suicidio inconsciente

En la muerte de Paquirri intervinieron algunas lamentables casualidades tras la grave cornada, como la falta de instalaciones médicas adecuadas en una plaza de toros de tercera clase y el traslado en ambulancia por una carretera comarcal serpenteante, no en muy buenas condiciones, hasta un hospital de la ciudad de Córdoba, lo cual ocasionó su agonía definitiva. No obstante, yo intuía que su estado personal tuvo que ver en el desarrollo de los acontecimientos. Por aquellos tiempos aún mantenía cierta afición, de la mucha que tuve años antes, a los toros. Había asistido a corridas de Paquirri, me gustaba verlo porque sabía que era un torero que nunca defraudaba. No destacaba por su arte, pero lo hacía por su entrega y voluntad, siempre intentaba sacar el mejor partido posible del toro y contentar al público. Su valor y habilidad eran indiscutibles. Así que, aquel fatídico día en Pozoblanco a mi me parecía que Paquirri, en algún aspecto, no estaba bien. Pero las cuentas no salían, los cálculos de sus ciclos según los datos publicados en las biografías del torero no presentaban nada relevante. Este fatal desenlace, que me impresionó como a muchos españoles, me tenía desconcertado. Conservé las crónicas, informaciones que iba encontrando y apuntes sobre el suceso durante años, revisando la investigación de vez en cuando para comprobar si había algún error en los datos. Y lo había, un error sorprendente y curioso.

Mientras que en algunas biografías el torero figuraba como nacido el 5 de marzo de 1948, otras señalaban el día 23. Sin embargo, ninguna de las dos fechas es la verdadera. La primera, la más extendida en crónicas de su vida, es la del registro religioso, el bautizo. Y la segunda, que figura en otras biografías, posiblemente la hayan tomado del Registro Civil. Paquirri nació realmente el día 5 de febrero pero, esto es lo anecdótico y curioso, la familia, en aquellos tiempos bastante supersticiosa, influida según antiguas creencias, consideraba el mes de febrero como un mal mes; en el argot andaluz «un mes de mal fario», y decidió aplazar las inscripciones del niño hasta el mes siguiente.

Francisco Rivera, «Paquirri», en Arénes du Soleil, Francia, en el año 1971 (fotografía 34).

El miércoles 26 de septiembre de 1984, día de feria en Pozoblanco, pueblo de unos quince mil habitantes con plaza de toros de tercera clase, Paquirri llegaba al hotel Los Codos en su vehículo BMW acompañado de su hermano Antonio y su hombre de confianza, Beca Belmonte, sobre las cinco de la mañana. Venían desde Logroño, donde Paco había toreado el día anterior. A última hora de la tarde, prácticamente al término de la corrida, iniciaron el viaje por carretera para conducir luego durante toda la noche, haciendo en total unos ochocientos kilómetros. La cuadrilla les seguía en un coche ranchera y llegaría algo más tarde.

A media mañana, mientras el torero aún descansaba, algunos componentes de la cuadrilla y picadores asistieron al sorteo de los toros, una cuadra que ya pisó corrales en El Puerto de Santa María y había sido rechazada. Comentaron después con Paquirri que uno de los toros que le había tocado era el más bonito, también el más pequeño, «Avispado», de 420 kilos. Tras almorzar, cuenta un banderillero, el grupo jugó un rato a las cartas con el maestro hasta la hora de la corrida, y parecía tranquilo. Pero llegada la hora, ya vestido de luces, se le notaba raro. Intentó repetidas veces comunicar telefónicamente con su esposa, Isabel Pantoja, sin conseguirlo. Vicente Ruiz «El Soro», compañero de cartel con José Cubero «El Yiyo», afirmaba que «*El maestro estaba nervioso por no haber localizado a Isabel y entró en la plaza descentrado* —la primera mitad de la corrida, en la que Paquirri cortó una oreja a su primero, transcurrió con normalidad—, *luego todo ocurrió con el cuarto toro, quizá fue un despiste*».

El banderillero Rafael Torres lo detalla, dando la impresión de que Paquirri menospreció a aquel toro, el más pequeño de la cuadra: «*El toro era sensacional, aunque en la brega hizo un par de cosas raras. Paco le perdió un poco el respeto, lo toreó con lances mirando al tendido y luego, en la tercera suerte, lo llamó desde los medios para llevarlo al picador. El caballo se estaba colocando, hizo el toro un amago de irse para el picador, pero la llamada del maestro desvió su atención, arrancó hacia él y se le venció a un lado, Paco modificó ligeramente la tela, pero no se movió, le dio solo medio lance y el toro lo arrolló clavándole el pitón hasta la cepa».*

Las trágicas imágenes de aquel momento son impresionantes. El torero, con el cuerno totalmente clavado en el muslo derecho, fue levantado, zarandeado y sostenido por el animal durante larguísimos y dramáticos instantes. Paquirri instintivamente se agarró a la cornamenta, quizá intentando separarse, pero solo consiguió alargar el momento de la cornada, unos segundos que parecieron interminables y le provocaron un desgarro y destrozo interno terribles; la sangre de Paquirri comenzó a manar abundantemente. Cayó por fin al suelo y, con los nervios del momento, los ayudantes que llevaban al torero equivocaron el camino a la enfermería, tuvieron que rectificar, algo que ocasionó un nuevo recorrido y reguero de sangre, en tanto el nervioso personal de la enfermería rompía el cristal de la puerta abriéndola violentamente.

Nada funcionó bien desde la grave cornada. El equívoco de camino supuso un retraso de casi dos minutos en la llegada del torero a la enfermería y a que se le hiciera un torniquete, provocando una añadida y valiosa pérdida de sangre; quizá la poca que luego le faltaría a las puertas del quirófano. Un cámara de televisión grababa todo. Siguió de cerca al grupo de ayudantes que trasladaban al torero, llegando incluso a entrar en la enfermería, grabando la atropellada situación en que los médicos, con cara casi más pálida que la del propio torero, rompían a toda prisa la pernera del traje de luces mostrando la enorme herida, mientras Paquirri, con gran calma se atrevía a hablarle al doctor sobre la cornada. Una grabación que ha dado la vuelta al mundo.

Pero, tal como se aprecia en el video, ¿cómo es posible permitir la entrada de tanta gente en la enfermería y mantener a un cámara en primera línea de actuación ante un caso tan grave, en el que peligra la vida del torero? Nervios, atropello, irresponsabilidad... Eso fue lo que ocurrió en una enfermería, que según la normativa, cumplía las exigencias de una plaza de tercera clase: unas instalaciones ínfimas. Algo completamente ilógico, como si en las plazas de tercera clase los toros solo pudieran ocasionar pequeñas heridas. Allí no se podía hacer gran cosa, y casi nada se hizo además del atropellado torniquete y de iniciarse la transfusión de sangre reservada, como es costumbre, para el torero; tres litros de sangre líquida. De haberse tratado de plasma, según los médicos, el torero podría haber llegado vivo al quirófano. Paquirri iba consciente, *«algo analgesiado»* —según el doctor Morán—, pero consciente, sufriendo mucho, en la sencilla ambulancia que poco después lo trasladaba a un hospital adecuado en Córdoba, a ochenta kilómetros de distancia por una tortuosa carretera, llena de curvas y pendientes que obligaban a reducir la velocidad frecuentemente. Cerca ya de las puertas de la ciudad, el torero tuvo un paro cardíaco, pero el anestesista que iba en la ambulancia pareció recuperarlo y por la emisora del vehículo contactaron con el Hospital Militar, el más cercano a la entrada de la ciudad, para que prepararan el quirófano con urgencia, pues, según el estado del torero, ya no había tiempo para atravesar la ciudad hasta el Hospital

General de la Seguridad Social. Aunque algunos componentes del vehículo afirmaron que Paquirri entró en colapso irreversible ya en aquella parada, según el doctor que lo acompañaba, agonizó en los pasillos, casi a la entrada del quirófano, como consecuencia de la masiva pérdida de sangre.

Aquel lamentable periplo de caminos y adversas circunstancias que terminaron con la vida del torero no se habría sucedido sin la previa y grave cornada del pequeño toro «Avispado». ¿Fue inevitable, qué pasó? ¿Se trató de un despiste, como pensaba El Soro, su compañero de cartel?... ¿Paquirri no valoró convenientemente al toro, según apuntaba el banderillero Rafael Torres?

Si finalmente la suma de adversas circunstancias posteriores terminó de rematar al torero, por otro lado, el lamentable proceso cuyo eje central fue la terrible cornada no se habría desarrollado sin el encadenamiento de ciertas decisiones previas.

La corrida de Pozoblanco no estaba en los planes de Paquirri, el torero pensaba terminar la temporada en Logroño, la tarde anterior. Tenía previsto un viaje a Venezuela con su esposa, por lo que canceló un compromiso previo que, de palabra, había acordado con el empresario de la plaza de toros de Sevilla para la feria de San Miguel en los días siguientes. Pero el empresario, que también regentaba la plaza de Pozoblanco, le pidió el favor de compensarle encabezando un cartel en la Feria de las Mercedes.

Así pues, Paquirri aceptó presentarse en aquella plaza, obligándose con ello a un inmediato viaje desde Logroño a Pozoblanco nada más terminar la corrida. Un largo y nocturno viaje de 800 kilómetros por carretera, por las carreteras de 1984. Decisión no muy aconsejable para un profesional que ha de estar en las mejores condiciones físicas para afrontar luego, el mismo día, el inherente peligro de una corrida de toros.

A la aceptación de participar en aquella inesperada corrida, en una plaza de tercera con asistencia médica muy superficial, y el largo viaje por carretera la noche anterior, se sumó otra extraña decisión. Paquirri decidió cambiar la cuadra de toros que inicialmente estaba pronosticada para aquel día. Se habían previsto y anunciado toros de la Ganadería Gavira, pero por influencia del torero fueron cambiados por una cuadra de sus amigos Sayalero y Bandrés. A pesar de que este grupo de toros ya había pisado corrales en el Puerto de Santa María, de donde fueron devueltos por no gustar sus características. Algo que, además, fue especialmente advertido al torero por su propio padre, Antonio Rivera, argumentando la devolución del Puerto y manifestándole que no confiaba en la nobleza de los astados. Todo se fue confabulando para desencadenarse la tragedia, precisamente en un mal día.

Aquel veintiséis de septiembre, Francisco Rivera se encontraba casi entre dos fases críticas. Acababa de terminar la fase crítica del ciclo Mental y entraba en la del ciclo Emocional. También tenía el ciclo Físico bajo.

Pero lo que más afecta en situaciones de peligro son las fases críticas de los ciclos y su cercanía, en caso de que dos o tres cambios se sucedan con poco tiempo de diferencia, pues pueden generar ocasionales errores o apreciaciones equivocas («*Le perdió el respeto al toro*»), despistes por instantes y, en general, cierta inestabilidad mental («*El maestro entró descentrado en la plaza*») son frecuentes en este tipo de combinaciones.

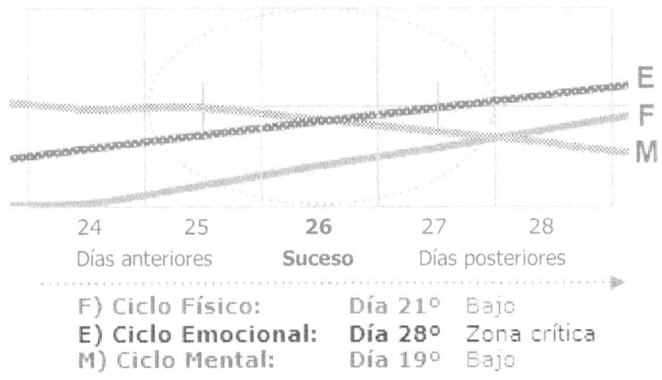

Ciclos de Francisco Rivera, «Paquirri», 26/09/1984: grave cornada en Pozoblanco. Fecha de nacimiento: 5/02/1948, 36 años.

Dadas las características del lugar donde ocurrió, poco estaba ya después en manos del torero, salvo la serenidad que mostró hablándole al doctor y el estoico aguante sin anestesia del viaje por la tortuosa carretera de Sierra Morena. Sin embargo, llama la atención el proceso de decisiones personales por las que se condujo a aquel fatídico instante. El suicido se suele entender como un acto voluntario, pero analizando sucesos como este, da la impresión de que también existe el suicidio inconsciente. Un plan con apariencia de haber sido meticulosamente diseñado y que ejecuta la supuesta voluntad consciente tomando oportunas decisiones, bien concatenadas con las circunstancias afines que el azar de la vida va forjando, frecuentemente para quienes sufren interna y desconsoladamente. ¿Qué interno sufrimiento podría atormentar a Paquirri?

Es frecuente el repaso, una y otra vez como hemos hecho aquí, de los sucesos acaecidos en las horas o días previos a la inesperada o extraña muerte de personajes mediáticos que, por sus particulares cualidades o nuestra especial admiración, impresionan y conmueven nuestras emociones. Pero la aguja con que se teje el destino de nuestra existencia y su final, trabaja ya desde mucho antes, desde nuestra infancia, porque desde que nacemos ya empezamos a morir. Si escrutamos en la vida del torero encontramos algunas claves del guion que terminó con su vida en aquella imprevista plaza de pueblo. Francisco Rivera era hijo de familia humilde, se había criado en un matadero y al amparo de un padre frustrado por no haber podido llegar a ser un gran torero. Las frustraciones de los padres son muy influyentes en la especial sensibilidad de los niños, transmitiéndoles falta de autoestima a unos o estimulando su pundonor para alcanzar lo que el padre no pudo, a otros, como en el caso de Paquirri.

Por eso, en febrero de 1973, muy probablemente Antonio Rivera sintió recompensada con creces su arraigada frustración. Su hijo, Francisco, el chico de familia humilde, del pueblo llano, consagrado ya como una de las primeras figuras del toreo, acaparaba la atención nacional con una de las bodas más mediáticas de España. Se casaba en Sevilla con Carmen Ordoñez, una bella jovencita de 17 años, descendiente de la más alta nobleza taurina, en una ceremonia con más de mil quinientos invitados a la que asistieron las también nobles familias de la corte franquista y todos los grandes artistas de la época. Seguramente aquel día Antonio Rivera se sentía orgulloso de su hijo; y este, en su interior, enormemente satisfecho de proporcionarle a su padre tal felicidad. Ambos habían alcanzado lo que, por cierta frustración, el padre anhelaba y el hijo soñaba, las ambiciones grabadas en su subconsciente durante años: dinero, prestigio profesional y altura social.

Pero los sueños de altos vuelos se suelen cumplir sin reparar demasiado en la felicidad personal. El supuesto romance de la multitudinaria boda solo duró seis años. Paquirri era un hombre que se entregaba con mucha profesionalidad y fuertes entrenamientos a su labor. Todos los inviernos, en la actualmente polémica finca de Cantora, despertaba a su cuadrilla a las seis de la mañana para entrenar. En general, sus costumbres no eran compatibles con el ritmo de vida de Carmen Ordoñez, no soportaba las continuas fiestas a las que esta se entregaba continuamente hasta altas horas de la madrugada y su cada vez más asiduo consumo de cocaína. Un ritmo de vida que malogró la salud de Carmen contribuyendo al desenlace de su fallecimiento, con detalles que nos sugieren detenernos unos instantes en su análisis.

Carmen fue encontrada muerta en la bañera de su casa el 23 de julio de 2004, como consecuencia de un repentino paro cardiorrespiratorio. Según testimonio de su intimo amigo y antiguo representante (hay una entrevista grabada), Kiko Matamoros, tres días antes del fallecimiento, Carmen estaba en Tánger (Marruecos), donde tuvo una crisis nerviosa al saber de ciertas informaciones en los medios de comunicación sobre la posible falsedad de sus declaraciones de maltrato por su nueva pareja, Ernesto Neyra, respecto a las cuales un juez sentenció no encontrar evidencias. Crisis nerviosa que tuvo como consecuencia un amago de infarto (coincidiendo con la fase crítica de su ciclo Emocional y muy cerca de la correspondiente al ciclo Físico), por lo que recibió consejo médico de descansar y aplazar su vuelta a Madrid, indicación que no cumplió.

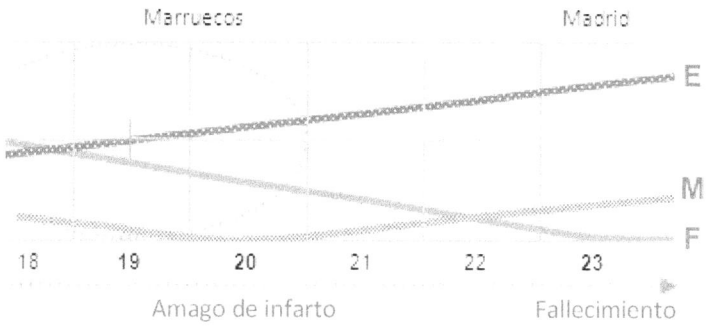

Ciclos de Carmen Ordoñez en julio de 2004. Fecha de nacimiento: 02/05/1955, 49 años.

Carmen fallecía unos días más tarde en forma que nos recuerda otros sucesos por tener componentes comunes en su desenlace. En el capítulo anterior de accidentes, hablábamos del desvanecimiento en que cayó Krissy Brown, la hija de Whitney Houston, en la bañera de su casa, del que ya no se recuperó, y que a su vez nos recordó el fallecimiento de su madre en la bañera de un hotel. Según el doctor Richard Shepherd, que ha estudiado autopsias de famosos, entre ellas la de

Whitney Houston, la inmersión en agua caliente, a alta temperatura, puede provocar condiciones para un fallo cardiorrespiratorio en personas con alguna afección cardiaca y frecuente consumo de ciertas drogas, fundamentalmente cocaína. En este sentido, las muertes de Carmen y Whitney son prácticamente coincidentes.

Volviendo al curso de la vida de Paquirri, tras su separación de Carmen y algunos escarceos amorosos, el torero ocupaba de nuevo el primer puesto de la atención nacional con otra espectacular boda en la que se unían los más destacados iconos del folklore español, el torero y la tonadillera, Isabel Pantoja. Si no había salido bien la primera boda, ¿saldría bien la segunda?

Según numerosos testimonios parece que no. Para cuando Paquirri toreaba en Pozoblanco ya tenía planificada la separación matrimonial. Si en el caso de Carmen Ordoñez, el torero no soportaba el tren de vida de su esposa, entregada continuamente a una vida festiva, con Isabel Pantoja fue el desencanto. El gran chasco y desilusión que le provocó descubrir conversaciones en las que ella definía la relación con expresiones egoístas y dominadoras, así como la sorprendente relación sentimental que un detective contratado por el torero le descubrió.

Pero en realidad, Paquirri no amaba a ninguna de esas dos mujeres con las que protagonizó tan mediáticas bodas. En las fotos que nos recuerdan aquellas relaciones no se ven miradas de amor. Si acaso, cierta simpatía en las que aparece con Carmen. Una jovencita, casi una adolescente, que se enamoró del torero con los sentimientos de la adolescencia y el deseo de salir pronto de casa hacía la libertad, la aparente libertad del mundo. Un supuesto romance tan equivocado como el siguiente, celebrado más por el interés de ambos que por verdadero amor. Porque este fue el error del torero, no casarse por amor. Sus matrimonios, más que por amor, dan la impresión de obedecer a un deseo de prosperar mediáticamente, de alcanzar nivel social saliendo de su humilde origen por la puerta grande. Y este segundo error lo tenía completamente angustiado y confundido.

Vicente Ruiz, El Soro, novillero y amigo de Paquirri, con quien mantenía estrecha relación, relata cómo en cierta ocasión, acompañando al torero en su vehículo, tuvieron un pequeño percance durante la circulación: «*Él conducía y yo llevaba el cinturón bien puesto porque le notaba que no estaba bien. Tras parar el vehículo bajamos, se sentó al borde de la carretera y entonces se rompió; estaba destrozado. Me decía que tenía la vida muy difícil, demasiado complicada*».

El subconsciente, nuestro más fiel servidor en esta extraña existencia, busca soluciones definitivas, muchas veces, a ocultos y tormentosos sentimientos. El abandono y los excesos llevaron a Antonio Flores a una forma de suicidio, quizá también a Michael Jackson. A Paquirri, sus decisiones.

Paquirri aceptó una corrida fuera de su programa de temporada, atravesó España en automóvil en un fatigoso viaje nocturno el mismo día, cambió la cuadra de toros por una que había sido rechazada en otra plaza, desoyendo el consejo de su padre. Y «*le perdió el respeto al toro*», a un toro pequeño, astifino y de comportamiento raro en un día en que los ciclos biológicos de su química interna atravesaban momentos críticos.

La angustia prolongada, la falta de ilusión y un extremado desconsuelo interno, pueden alertar a nuestro inseparable y ferviente subconsciente para encontrar una solución definitiva dirigiéndonos instintivamente, decisión a decisión, paso a paso, a la construcción de un plan perfecto que acabe con la desazón adelantando la hora terminal del programa implantado en nuestra existencia. Porque, de una u otra manera, estamos programados para morir.

15
Programados para morir

«No permanecerá por siempre mi espíritu en el hombre, porque es de carne, por consiguiente sus días no serán más de ciento veinte años».
La Biblia, Génesis 6/3.

Entre los muchos misterios de nuestra existencia, es curioso comprobar que el primer elemento indispensable para la vida, el oxigeno, es el mismo que nos mata poco a poco. Este es el aspecto más logrado en el maquiavélico programa que regula nuestra vida. No podemos vivir sin nuestro asesino principal —porque también hay otros—, y por tanto, desde que nacemos, desde que empezamos a respirar ya empezamos a morir. Quizá por ello, nada más traspasar la puerta a este mundo, nuestra primera expresión significativa sea el llanto. El subconsciente, que ya trabaja desde la estancia en las entrañas de nuestra madre, y sabe más de nosotros que nosotros mismos, pues existe mucho antes que la conciencia, intuye el principio del fin y nos induce el llanto protesta que tanto alegra a los espectadores del alumbramiento: «*Ya respira*». Ya empezamos a morir.

La necesidad de respirar nos obliga a tomar oxígeno (inspiración) y a expulsar cierto residuo, dióxido de carbono (expiración), con lo cual ya se establece un proceso cíclico imprescindible para la vida. Partiendo de esta obligada premisa no es de extrañar que, como consecuencia, el resto de las múltiples y también necesarias operativas biológicas de un ser vivo, como el humano, igualmente funcionen de forma cíclica. Además de la respiración también se sucede la función cíclica del corazón, luego de la alimentación, después del sueño… Y así, sucesivamente en todos los órdenes de nuestra biología, parecen seguir creándose ciclos internos, unos como derivación de otros, que implantan en el organismo continuas, repetidas, consecuencias y obligaciones biológicas; formando un bucle, un circuito sin fin en el que el oxigeno nos va desgastando poco a poco, hasta que la máquina se para.

Desde esta perspectiva, además de comprobar que vivimos en un mundo lleno de ciclos: día/noche, primavera/verano/otoño/invierno… Todo parece convencernos de forma natural sobre que esta es la clave de nuestra naturaleza, que los procesos cíclicos son imprescindibles para la vida.

Pensándolo bien, quizá para la existencia de las especies, pero no para la vida.

El ciclo menstrual, por ejemplo, no es necesario para la vida. Es preciso para la existencia de la especie, para su permanente presencia en el discurrir del tiempo, pero no para que la mujer cuyo organismo lo genera viva. Puede vivir sin ese ciclo, igual que mujeres y hombres, tanto unas como otros, podemos vivir sin sexualidad, sin el deseo sexual y su intenso efecto cíclico, despertar del deseo/satisfacción/despertar del deseo/satisfacción... A diferencia de la respiración, el ritmo cardíaco, la alimentación, etc., indispensables para la vida, el sexo y sus correspondientes ciclos no son necesarios. Por tanto, no todo en nuestra biología es esencial, parte de los ciclos a los que estamos sometidos no son necesarios para la vida y otros, que sí lo son, encierran alguna trampa. El oxigeno constituye la definitiva, estamos programados para morir.

Y según la sentencia bíblica de Dios, en un plazo no mayor a ciento veinte años. Sin embargo, Adán, presunta-mente el primer ser humano, llegó a vivir más de novecientos años, edad muy similar a la de otros personajes bíblicos de aquellos tiempos. ¿Qué le hizo cambiar de idea a Dios para recortar tanto nuestra existencia? Probablemente, por la forma obscena en que se conducían los hombres, en Dios llegaron a despertarse impulsivos deseos de acabar con buena parte de la humanidad a través del gran diluvio; también lo haría con la destrucción de Sodoma y Gomorra. Pero su disgusto venía de mucho antes, pues ya en la primera familia del mundo se produjo el primer asesinato, además de la gran desobediencia de Adán y Eva, tentados por un ángel travieso apodado «La serpiente», decidido a defender la vida de los hombres ante los recelos que Dios empezaba a tener sobre los resultados de su creación.

Dios vio que una existencia como la de Adán, de casi mil años, no era lo más conveniente para aquellos seres humanos tan zopencos, el proceso evolutivo sería larguísimo si se mantenía esa media de edad. Los más jóvenes tendrían el camino muy difícil para aplicar sus nuevas y vigorosas ideas, luchar para imponerse a seres con la experiencia acumulada por cientos de años les sería casi imposible, y los asesinatos y abusos de poder serían tan continuos que el progreso de la humanidad supondría un proceso demasiado largo. Además, el dominio de hombres con edades de casi mil años también se reflejaría en la fecundación de hembras, minimizando la variación genética, una de las cuestiones más favorecedoras en la evolución de la especie.

Quizá disminuir la edad del ser humano fuera lo más conveniente. Ello aumentaría comparativamente y de forma considerable el número de generaciones en un mismo plazo de tiempo, acortando el camino hacia las necesarias para alcanzar un punto evolutivo aceptable en los siglos siguientes. Sí, indudablemente reducir la edad del hombre era lo más ventajoso en favor de acelerar su perfeccionamiento y el desarrollo de un futuro más civilizado. No obstante, para cuando Dios se hizo estas reflexiones ya había muchos seres humanos de larga vida entorpeciendo aquel nuevo plan, y en un arrebato se le ocurrió la idea del diluvio. Eso sí, salvando al menos a una buena familia para reiniciar el proceso de poblar la tierra con la nueva estrategia: una vida más corta para el hombre.

Desde entonces y hasta nuestros días, a pesar de que poco a poco el ser humano va desarrollando generaciones más longevas, aún no hemos llegado al bíblico límite como media de edad. Pero, ¿qué hizo Dios para reducir, prácticamente de golpe, la duración de la vida de los seres humanos? De alguna manera, tuvo que manipular genéticamente a cierto porcentaje de hombres; al menos, a los supervivientes del gran diluvio. ¿Incluyó en nuestra biología nuevos procesos degenerativos?, ¿aumentó de alguna manera los riesgos potenciales para la vida?

Ciertamente solo respirar ya es iniciar la cuenta atrás de la condena a muerte, pero suerte tendríamos si esa fuera la única amenaza a nuestra vida. Antes de llegar a esa posible hora final a la que nos lleva inexorablemente el envejecimiento, la oxidación de nuestras células, el mundo tiene otras muchas trampas para la vida. El ser humano ha de enfrentarse a los riesgos de enfermedades, de infecciosas por todo tipo de contagios, mordeduras de animales o picaduras de insectos, al riesgo de accidentes, agresiones y asesinatos, catástrofes naturales, y otros muchos peligros. Apenas estas son unas notas de referencia, la lista de riesgos que la vida ha de afrontar hasta el particular límite de la naturaleza de cada cual en combinación con el oxigeno asesino es bien larga. Nos vemos obligados a vivir en continua vigilancia, a luchar con destreza y persistencia para alargar lo más posible una batalla que de todas formas vamos a perder. Pero para la cual, no obstante, estamos hábilmente equipados, estableciéndose, de tal manera, la extraña lucha de nosotros contra nosotros mismos.

¿En que lado de esta continua batalla se sitúan los Biorritmos? Cuando nos preguntamos por las razones de otras características de nuestra constitución física y biología solemos encontrar respuestas lógicas, relativas a cuestiones vitales, o de ayuda para la supervivencia derivada de procesos evolutivos. Por ejemplo, el cuero cabelludo salvaguarda el cerebro, las cejas y las pestañas protegen los ojos, el sueño relaja el sistema nervioso y desahoga emociones... ¿Qué razones para la vida puede tener el que nuestras facultades físicas, anímicas y mentales sufran altibajos periódicos?

Desconociendo todavía con exactitud la enorme maraña de la química interna que nos gobierna, aunque tengamos cierta idea sobre los componentes químicos que influyen en los Biorritmos, no sabemos si su existencia es solo consecuencia de una cadena de procesos imprescindibles o son un programa independiente con ciertos objetivos. Desde el punto de vista de sus efectos y consecuencias, que es lo primero y único de que disponemos, nos preguntamos por qué no podemos estar siempre al mismo nivel efectivo de nuestras facultades. Hallamos respuestas lógicas a muchas otras características físicas y funciones orgánicas, pero en el caso de los ciclos de los Biorritmos, salvo ocultas razones, no encontramos que la sucesión de fases altas y bajas, con alteraciones intermedias de cierto peligro, supongan algún tipo de mejora para la vida. ¿Son los Biorritmos unos «ciclos trampa»?

Lo único que parece ventajoso sobre este programa de altibajos continuos, es descubrir su existencia y la oportunidad, tanto de protegernos de sus cambios como de aprovechar el impulso de las fases más favorables. En su esquema más usual no somos muy diferentes de la complejidad informática que se va enraizando con nuestras vidas y con cuyas expresiones también podemos explicarnos. El ser humano es un complejo sistema operativo, dependiente de la interacción de cientos, probablemente miles, de pequeños programas internos que constituyen, paradójicamente, la personalidad del usuario. El cual va descubriendo los entresijos de su «software», sus inconvenientes y posibilidades, protegiéndose, modificándolo o aprendiendo a usarlo más eficazmente.

En el futuro, el estado de nuestros ciclos será algo que tendremos en cuenta con naturalidad en todas las actividades cotidianas: trabajo, estudios, prácticas deportivas, viajes, etc. Los Biorritmos formarán parte de nuestra ficha médica, como el grupo sanguíneo, la tensión arterial media de nuestra constitución y otros datos relativos al estado general de salud, y serán observados en casos como terapias, tratamientos médicos y operaciones quirúrgicas, convirtiéndose así en un nuevo conocimiento para mejorar nuestra existencia, salud y longevidad.

Sí, estamos programados para morir, pero también para vivir más y mejor. Cada vez son más los casos de personas centenarias, ya ha habido quien que ha sobrepasado los ciento veinte años, y la longevidad del ser humano ha crecido durante los dos últimos siglos con un ritmo muy superior a todos los anteriores. Creo que no debemos tomarnos muy en serio la sentencia de Dios, más bien, hemos de entenderla como una condición. El premio de la longevidad quizá se relacione con una correcta evolución, con la conciencia creciendo a través de los logros de la mente, descubriendo por nosotros mismos lo que realmente somos y la perspectiva de lo que podemos llegar a ser.

IV
Anexos

Biocalendario, listas de casos, referencias informativas, créditos de imágenes e índice temático

Anexo 1
Biocalendario, cálculo de Biorritmos

Ahora vamos a hacer el cálculo utilizado en el ejemplo anterior con el Biocalendario. Se trataba de una persona nacida el 15 de agosto de 1995, que deseaba saber el estado de sus ciclos en el día 21 de junio de 2019.

Así fueron las cuentas que hicimos:

1º) Calculamos los días transcurridos entre el 15/08/1995 y el 21/06/2019:

- A) 23 (años de edad cumplidos) x 365 = 8.395 días
- B) Días desde el último cumpleaños. 15/08/2018, hasta el 21/06/2019 = 310
- C) Días añadidos por los años bisiestos habidos entre 1995 y 2019.

  (1996, 2000, 2004, 2008, 2012, 2016) = 6 años

  Total, suma (A+B+C) 8.395 + 310 + 6 = 8.711 días

2º) Dividimos 8.711 días entre los días de cada ciclo para obtener el residuo. Y luego, con el ajuste final a que antes nos referimos, sabemos el día en que se encuentra cada uno:

- *Ciclo Físico*, 8.711 / 23 = 378,74

  Residuo = 17 +1 (ajuste final) = **18º** día del ciclo.

- *Ciclo Emocional*, 8.711 / 28 = 311,11

  Residuo = 3 +1 (ajuste final) = **4º** día del ciclo.

- *Ciclo Mental*, 8.711 / 33 = 263,97

  Residuo = 32 +1 (ajuste final) = **33º** día del ciclo.

El resultado, visto en un gráfico sinusoidal, quedaba así:

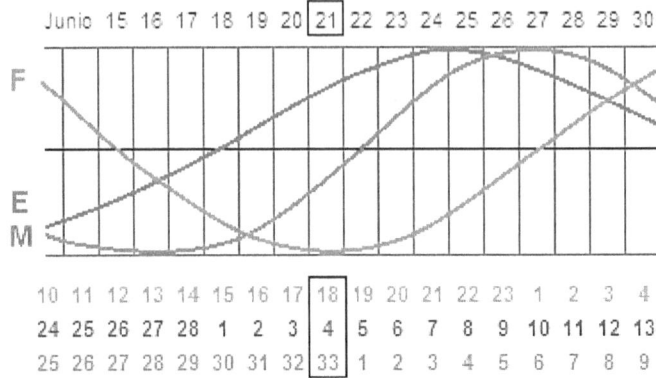

Hagamos ahora el cálculo con el Biocalendario. En este caso ha de utilizarse la edad que se cumple en el mismo año en que se va a calcular, aunque no haya llegado aún, pues este sistema sirve para el año completo. Así pues, ahora tiene que ser: *24 (no 23)*.

Anotamos también estos otros datos, necesarios para utilizar luego durante el proceso:

- **Los años bisiestos** *transcurridos desde el año de nacimiento (hay una tabla auxiliar en el Biocalendario, son cada 4 años), anotamos: 6.*

- **Observemos**, *también para usar luego, los números que hay en el Biocalendario (completo en la página siguiente)* en las casillas de la fecha de nacimiento (15/Agosto). Buscamos y anotamos, en la línea de cada ciclo: F, 20 - E, 27 y M, 7.*

*Biocalendario, tabla de cálculo. Hay plantillas preparadas para imprimir que pueden descargarse gratuitamente desde la web del autor:
www.antoniomiguel.es/biorritmos/biocalendario.pdf

Con los datos anotados y la tabla, aplicamos ahora la fórmula de cada ciclo:

Calcular el ciclo Físico, de 23 días:
(Altos, del 1º al 12º; bajos, del 12º al 23º)
Edad x 3 – AB + F
(Cifras auxiliares para usar finalmente, si es necesario, múltiplos de 23: 23, 46, 69, 92, 115)
Por tanto:

24 x 3 – 6 (años bisiestos) + 20 (línea F, 20) = 86

Usamos algún múltiplo de 23, el más cercano, porque es necesario reducir el resultado a un número igual o menor a los días del ciclo:

86 – 69 = 17

Este resultado, 17, es la referencia para situar en la tabla el ciclo Físico. Cada vez que aparece el número 17 en una casilla de la línea F, comienza un nuevo ciclo Físico, es decir, la fase alta. Y la fase baja 11,5 días más tarde. Ahora contamos 11,5 días desde cualquier referencia 17 hacia la derecha y terminamos en la número 5. Ya tenemos las dos referencias necesarias: 17 y 5. Los días comprendidos entre estas dos referencias son la fase alta, y el resto la fase baja. Luego trazamos una raya sobre los grupos de números situados entre tales referencias, 17 y 5 de la línea F, y de esta forma ya quedan destacadas todas las fases positivas del ciclo Físico.

13 14 15 16 ~~17 18 19 20 21 22 23 1 2 3 4~~ 5 6 7 8 9 10 11

Calculemos los otros dos ciclos, Emocional y Mental.

Calcular el ciclo Emocional, de 28 días:
(Altos, del 1º al 14º; bajos, del 15º al 28º)
Edad + AB + F
(Cifras auxiliares para usar finalmente, si fuera necesario, múltiplos de 28: 28, 56, 84, 112, 140)
Por tanto:

24 + 6 (años bisiestos) + 27 (línea E, 27) = 57

Usamos algún múltiplo de 28, el más cercano, porque es necesario reducir el resultado a un número igual o menor a los días del ciclo:

57 – 56 = 1

Ahora, el resultado, 1, es la referencia para situar en la tabla el ciclo Emocional durante todo el año. Cada vez que aparece el número 1 en una casilla de la línea E, comienza un nuevo ciclo Emocional, es decir, la fase alta. Y la fase baja, 14 días más tarde. Luego, contamos hacia la derecha 14 días desde cualquier referencia 1 y vemos que terminamos en el número 16. De esta forma obtenemos las dos referencias necesarias: 1 y 16. Los días comprendidos entre estas referencias son la fase alta, y el resto la fase baja. Ahora trazamos una raya sobre todos los grupos de números entre tales referencias, 1 y 16, de la línea E, y de esta forma quedan destacadas las fases positivas del ciclo Emocional. Cada cálculo que estamos haciendo sirve para todo el año.

26 27 28 ~~1 2 3 4 5 6 7 8 9 10 11 12 13 14 15 16~~ 17 18 19

Finalmente, calculemos el ciclo Mental con su fórmula.

Calcular el ciclo Mental, de 33 días:
(Altos, del 1º al 16,5º; bajos, del 16,5º al 33º)
Edad x 2 + AB + F
(Cifras auxiliares para usar finalmente, si fuera necesario, múltiplos de 33, 33, 66, 99, 132, 165)
Por tanto:

24 x 2 + 6 (años bisiestos) + 7 (línea M, 7) = 61

Usamos algún múltiplo de 33, el más cercano, porque es necesario reducir el resultado a un número igual o menor a los días del ciclo:

61 – 33 = 28

El resultado, 28, es la referencia para situar el ciclo Mental. Cuando aparece en las casillas de la línea M, comienza un nuevo ciclo, la fase alta. Y la fase baja, 17,5 después. Luego, contamos hacia la derecha 17,5 días desde cualquier referencia 28 y terminamos en el número 12. De esta forma obtenemos las dos referencias necesarias: 28 y 12. Los días comprendidos entre ellas son la fase alta, el resto la fase baja. Luego, trazamos una raya sobre estos grupos de la línea M (también puede utilizarse un rotulador marcador), para destacar las fases positivas. Ya tenemos identificados los tres ciclos. La posición de las rayas en relación con las coordenadas Días/Meses indican el estado de los ciclos en cualquier fecha del año.

29 ~~28 27 26 25 24 23 22 21 20 19 18 17 16 15 14 13 12~~ 11

Por último, destaquemos todos los grupos en la tabla.

Así quedaría el Biocalendario del año completo. Las zonas rayadas son las fases altas y las zonas de vacío, las bajas. El comienzo y final de cada raya son los días críticos. En años bisiestos, desde febrero, todo varía un día.

Anexo 2

Casos analizados

Listado de personas analizadas en casos de accidentes, suicidios, infartos y muertes súbitas, selección aleatoria desde 2013 a 2018.

Datos: fecha del suceso, nombre, fecha de nacimiento, país, tipo de accidente, con/sin ciclos en fase crítica.

Accidentes, 66 casos:

24/01/13	C. Moore	27/08/87	USA	Motonieve	FC
31/05/13	T. Samaras	12/11/57	USA	Tormenta	
12/06/13	J. Leffler	16/09/75	USA	Acc. Auto	
22/06/13	A. Simonsen	05/07/78	Dina	Acc. Auto	FC
28/06/13	M. Osborne	27/07/57	USA	Sobredosis	FC
13/07/13	C. Monteith	11/05/82	Can	Sobredosis	FC
21/07/13	A. Antonelli	17/01/88	Italia	Acc. Moto	
24/07/13	F.J. Garzón	04/06/61	Esp	Tren Alvia	FC
23/08/13	Álvaro Bultó	11/06/62	Esp	Paracaidas	
15/01/14	Cass. Lynn	15/08/79	USA	Sobredosis	FC
02/02/14	P. Seymour	23/07/67	USA	Sobredosis	FC
18/02/14	K. Goddaert	21/11/86	Belgi	Caida	
25/02/14	C. Gracida	05/09/60	Méxi	Acc. Polo	FC
07/04/14	P. Geldof	13/03/89	Ingl	Sobredosis	FC
17/05/14	S. Andrews	14/08/84	Ingl	Acc. Moto	FC
18/05/14	E. Villar	03/04/87	Méx	Asta toro	
06/06/14	C. Montes	03/10/65	Esp	Acc. Auto.	FC
05/07/14	B. Wiesner	12/05/83	USA	Ahogado	
20/07/14	Alex Angulo	12/04/53	Esp	Acc. Auto	FC
14/09/14	G. Andrés	19/10/35	Arg	Avioneta	FC
17/09/14	Andriy Husin	11/12/72	Ucr	Acc. Moto	
20/09/14	R. Rojas	03/11/78	Chile	Salto Base	FC

05/10/14	And. Cesar	31/05/59	Italia	Acc. Moto.	FC
05/10/14	Jules Bianchi	03/08/89	Fran	Acc. Auto.	
05/10/14	Michel Nykiel	03/08/89	Pol	Ahogado	
01/11/14	Wayne Static	04/11/65	USA	Sobredosis	FC
17/01/15	Greg Plitt	03/11/77	USA	A. Tren	
31/01/15	B. K. Brown	04/03/93	USA	Sobredosis	FC
27/02/15	Ch. Maxwell	11/01/69	USA	Caida	FC
27/03/15	D. Barnaby	09/12/90	Jam	Ahogado	
25/04/15	Mike Phillips	24/03/56	USA	Caida	FC
10/06/15	D. Rhodes	10/06/15	USA	Caida	FC
29/06/15	Jack Vroman	06/06/81	USA	Ahogado	FC
03/07/15	Jhon Flórez	03/04/83	Colo	Salto base	
03/07/15	A. Peterson	08/07/71	USA	Sobredosis	FC
28/07/15	D. Barisone	29/05/89	Arge	Acc. Auto.	FC
03/08/15	Tito Hoz Vila	12/04/49	Boliv	Acc. Auto.	FC
28/08/15	K. J. Baptiste	03/12/93	Usa	Caida	FC
06/09/15	B. Damiens	18/01/95	Fran	Caida	
16/10/15	Ena Kadic	06/10/89	Aust	Caida	FC
03/12/15	S. Weiland	27/10/67	USA	Sobredosis	FC
20/04/16	C. Laurer	27/12/69	USA	Sobredosis	FC
21/04/16	Prince Rogers	07/06/58	USA	Sobredosis	FC
01/05/16	R.R. El Pana	22/02/52	Méx	Asta toro	FC
17/05/16	R. Motta	21/01/97	Perú	Asta toro	FC
03/06/16	Luis Salom	07/08/91	Esp	Acc. Moto	
18/06/16	A. Yelchin	11/03/89	Rus	Acc. Hogar	
09/07/16	Víctor Barrio	29/05/87	Esp	Asta toro	
30/08/16	Diego Suta	30/06/94	Colo	Caida	FC
26/11/16	Y. Yeliséyev	29/07/96	Rus	A. Parkour	FC
10/12/16	Étien. Fabre	05/08/96	Fran	Caida	
08/01/17	L. A. Maxim.	21/06/42	Chile	Caida	FC

14/04/17	Martín Elías	18/06/90	Colo	Acc. Auto.	FC
30/04/17	Ueli Steck	04/10/76	Suiza	Alpinismo	FC
10/05/17	Roger Ailes	15/05/40	USA	Caida	
17/06/17	Iván Fandiño	29/09/80	Esp	Asta toro	FC
13/11/17	D. Poisson	31/03/82	Fran	Caida	
15/11/17	Lil Peep	01/11/96	USA	Sobredosis	
18/11/17	Daniel Hegarty	18/03/86	Ingla	Acc. Moto	FC
31/01/18	Ras. Butler	23/05/79	USA	Acc. Auto.	FC
09/02/18	J. Jóhannsson	19/09/69	Islan	Sobredosis	FC
04/07/18	Wang Jiang	15/12/61	China	Caida	FC
06/07/18	V. Ilievski	02/07/65	Yug	Sobredosis	FC
09/07/18	J. A. Rivas	23/04/63	Esp	Caida	
07/08/18	Nicholas Bett	27/01/90	Kenia	Acc. Auto.	FC
07/09/18	Mac Miller	19/01/92	USA	Sobredosis	FC

Suicidios, 65 casos:

08/01/13	Manuel Mota	09/07/66	Esp	Autoapuñal.	FC
11/01/13	M. Barbarič	14/10/70	Che	Disparo	
15/01/13	Z. Popjadze	02/06/72	Rus	Ahorcam.	
03/02/13	Arpad Miklos	11/09/67	Hung	Sobredosis	FC
05/02/13	Juli Gómez	06/07/87	Arge	Disparo	
17/02/13	M. McCready	30/11/75	USA	Disparo	FC
23/03/13	B. Berezovski	23/01/46	Rus	Ahorcam.	
16/05/13	Dick Trickle	27/10/41	USA	Disparo	
21/05/13	D. Venner	16/04/35	Fran	Disparo	
15/06/13	E.Ivashchenko	28/12/84	Rus	Salto	FC
15/07/13	Aldo Calderón	18/08/68	Hond	Veneno	FC
17/07/13	B. McRoberts	10/02/57	Ingl	Via de tren	
14/08/13	Gia Allemand	20/12/83	USA	Ahorcam.	
19/08/13	Lee T. Young	01/02/84	USA	Disparo	FC

01/02/13	Zvonko Bušić	23/01/46	Croa	Disparo	
07/09/13	Marek Špilár	11/02/75	Eslo	Salto	FC
18/11/13	Aaron Swartz	08/11/86	USA	Ahorcam.	
19/12/13	Ned Vizzini	04/04/81	USA	Salto	
05/01/14	Uday Kiran	26/06/80	India	Ahorcam.	FC
22/02/14	Ch. Dawson	08/04/66	Aust.	Ahorcam.	FC
17/03/14	L'Wren Scott	28/04/64	USA	Ahorcam.	
18/04/14	Ed. Kosolápov	27/03/76	Rus	Disparo	FC
28/04/14	Pedro Cunha	12/08/80	Port	Axfisia	
29/04/14	Ivet Bartošová	08/04/66	Chec	Via tren	
13/05/14	M. Bendjelloul	14/09/77	Suec	Via tren	
18/07/14	A. Biermann	13/09/80	Alem	Sobredosis	FC
05/09/14	Simone Battle	17/06/89	USA	Ahorcam.	FC
06/10/14	M. Potylchak	05/10/72	Rus	Ahorcam.	FC
13/01/15	R. Faudree	23/08/39	USA	Disparo	FC
29/01/15	J. D. Arango	23/03/72	Colo	Disparo	FC
24/03/15	A. Lubitz	18/12/87	Alem	E. Avión	FC
23/04/15	S. Sweeten	12/05/95	USA	Disparo	
18/09/15	E. Bonvallet	15/01/55	Chile	Ahorcam.	FC
19/09/15	Marcin Wrona	25/03/73	Polo	Ahorcam.	
24/09/15	U. Dağdelen	13/10/73	Turq	Disparo	
05/10/15	Ch. Akerman	06/06/50	Belg	Desconoc.	FC
12/11/15	Lucian Balan	25/06/59	Rum	Sobredosis	FC
13/01/16	Tera Wray	14/04/82	USA	Sobredosis	FC
31/01/16	Benoît Violier	22/08/71	Fran	Disparo	
10/03/16	Keith Emerson	02/11/44	USA	Disparo	
13/03/16	Sai Prashanth	07/06/85	India	Veneno	
01/04/16	P. Banerjee	10/08/91	India	Ahorcam.	FC
02/10/16	L. G. de Alba	06/03/44	Méx	Disparo	FC
15/11/16	Lisa Lynn	01/01/64	USA	Ahorcam.	FC

Fecha	Nombre	Nacimiento	País	Causa	FC
24/01/17	Butch Trucks	11/05/47	USA	Disparo	FC
18/02/17	D. Vickerman	04/06/79	Suda	Desconoc.	
26/03/17	Clay Adler	20/08/89	USA	Disparo	FC
19/04/17	A. Hernandez	06/11/89	USA	Ahorcam.	
23/04/17	F. Rajtora	12/03/86	Chec	Ahorcam.	
18/05/17	Chris Cornell	20/06/64	USA	Ahorcam.	
19/05/17	David Bystroň	18/11/82	Chec	Ahorcam.	FC
19/07/17	Miguel Blesa	08/08/47	Esp	Disparo	
20/07/17	C. Bennington	20/03/76	USA	Ahorcam.	FC
05/12/17	August Ames	23/08/94	Cana	Ahorcam.	
13/12/17	Y. Beltran	02/11/86	USA	Sobredosis	
18/12/17	K. Jong-Hyun	08/04/90	Corea	Intoxicac.	
30/01/18	Mark Salling	17/08/82	USA	Ahorcam.	FC
01/02/18	F. C. D. Balart	01/09/49	Cuba	Salto	FC
20/04/18	Tim B. Avicii	08/09/89	Suec	Autocortes	
13/05/18	Margot Kidder	08/09/89	Cana	Sobredosis	FC
05/06/18	Kate Spade	05/07/78	USA	Ahorcam.	
08/06/18	A. Bourdain	25/06/56	USA	Ahorcam.	
07/07/18	J. Cosarinsky	20/08/45	Arge	Disparo	
11/07/18	S. Galindo	17/01/59	Méx	Disparo	
02/08/18	A. Las Cuevas	26/06/68	Fran	Desconoc.	FC

Infartos y muertes súbitas, 211 casos:

Fecha	Nombre	Nacimiento	País	Causa	FC
03/01/13	P. M. Shepard	01/10/45	USA	Infarto	
06/01/13	A. Maquiera	06/09/76	Esp	Infarto	FC
09/01/13	N. Maranhão	08/01/84	Bras	M. Súbita	
24/01/13	M. Janů	08/11/59	Che	Infarto	FC
27/02/13	R. Dekkers	04/09/69	Hola	Infarto	FC
28/03/13	S. Jiménez	05/08/77	Méx	Infarto	FC
06/04/13	G. Alonza M.	24/03/52	USA	P. Cardiáco	

22/04/13	R. Havens	21/01/41	USA	Infarto	FC
13/05/13	F. V. Tuvin	03/07/73	Rus	M. Súbita	FC
24/05/13	Raúl Padilla	02/05/40	Méx	Infarto	FC
30/05/13	R. Ghosh	31/08/63	India	Infarto	FC
31/05/13	A. Goswami	21/04/76	India	Infarto	
19/06/13	Stojan Tomic	08/03/91	Serb	M. Súbita	
19/06/13	J. Gandolfini	18/09/61	Ital	Infarto	
21/06/13	Alen Pamić	15/10/89	Croa	Infarto	
22/06/13	Florin Cioabă	17/11/54	Turq	Infarto	FC
23/06/13	Soccor Velho	27/07/83	India	Infarto	FC
24/06/13	J. C. Balerio	19/04/58	Urug	P. Cardiáco	
16/06/13	K. A. Hossain	04/01/50	Ban	Infarto	
11/07/13	I. Youssef	01/01/59	Egip	Infarto	
12/07/13	A. Cyżniewski	28/09/53	Polo	Infarto	FC
19/07/13	Mel Smith	03/12/52	Ingla	Infarto	
21/07/13	Yair Clavijo	04/01/95	Perú	M. Súbita	FC
25/07/13	J. D. Ochoa	13/04/46	Colo	Infarto	FC
26/07/13	J.J. Cale	05/12/38	USA	Infarto	
27/07/13	A. S. Camara	17/11/85	Mali	Infarto	
27/07/13	S. Santamaría	22/08/52	Arge	P. Cardiáco	
28/07/13	Pedro Aicart	21/02/52	Perú	P. Cardiáco	
29/07/13	C. Benítez	01/05/86	Ecu	Infarto	
06/08/13	Selçuk Yula	08/11/59	Turq	Infarto	FC
17/08/13	Devin Gray	31/05/72	USA	Infarto	FC
27/08/13	A. Onoprienko	25/07/59	Rus	P. Cardiáco	FC
27/08/13	H. Sanabria	29/08/85	Arge	M. Súbita	
25/09/13	A. Adams	13/04/91	T. To	Infarto	
12/10/13	O. Hijuelos	24/08/51	USA	M. Súbita	
22/10/13	Kadir Özcan	26/06/52	Turq	Infarto	
25/11/13	Greg Kovacs	16/12/68	USA	Infarto	

22/12/13	A. Cresswell	28/06/60	Ingl	Infarto	
25/12/13	H. G. Gallo	26/06/62	Colo	Infarto	
29/12/13	P. Comstive	25/11/61	Ingl	Infarto	
30/12/13	S. Huisman	19/06/86	P.Ba	P. Cardiáco	
05/01/14	Alma Muriel	20/10/51	Méx	Infarto	FC
13/01/14	M. Zilberman	06/10/46	Israe	Infarto	FC
15/01/14	F. Jaramillo	21/04/51	Colo	Infarto	
21/01/14	G. Slavkov	11/04/58	Bulg	Infarto	
23/01/14	Béla Várady	12/04/53	Hun	M. Súbita	
15/01/14	Gyula Sax	18/06/51	Hun	Infarto	
31/01/14	Wong Choon	31/03/47	Mala	Infarto	FC
12/02/14	Sant. Feliú	29/03/62	Cub	Infarto	
14/02/14	John Henson	25/04/65	USA	Infarto	
17/02/14	Wayne Smith	05/12/65	Jam	Infarto	FC
18/02/14	N. Frazier Jr	14/02/71	USA	Infarto	FC
19/02/14	Norbert Beuls	13/01/57	Belg	Infarto	FC
20/02/14	D. Taguas	28/11/54	Esp	Infarto	
22/02/14	Iván Nagy	28/04/43	Hun	M. Súbita	
25/02/14	Paco Lucia	21/12/47	Esp	Infarto	FC
28/02/14	Kevon Carter	14/11/83	T.To	Infarto	FC
04/03/14	Wu Tianming	05/12/39	Chin	Infarto	FC
09/03/14	C. Moreno	29/08/38	Arge	Infarto	
05/04/14	José Wilker	20/08/44	Bras	Infarto	
29/04/14	Norma Pons	18/08/43	Arge	Infarto	FC
03/05/14	K. Adjassou	15/05/89	Tog	M. Súbita	FC
08/05/14	Yago Lamela	24/07/77	Esp	Infarto	
12/05/14	L. Zambrano	27/03/44	Méx	Infarto	
22/05/14	S. Bustamante	18/10/34	Méx	Infarto	FC
23/05/14	A. Modak	13/05/51	Mar	Infarto	
29/05/14	C. Alessandri	14/02/54	Fran	Infarto	

03/08/14	W. Guerrero	07/02/82	Ecu	Infarto	
04/08/14	Irma Elizondo	21/11/45	Mex	Infarto	FC
04/08/14	Rafa. S. Cruz	29/09/60	Perú	Infarto	FC
14/08/14	Pedro Caíno	29/06/56	Arge	Infarto	FC
15/08/14	Jay Adams	03/02/61	USA	Infarto	FC
20/08/14	J. L. Saldívar	08/03/54	Mex	Infarto	FC
31/08/14	Jimi Jamison	23/08/51	USA	Infarto	
21/09/14	C. Jones	04/08/50	USA	Infarto	FC
04/09/14	P. Carreras	18/08/52	Arge	Infarto	
10/09/14	Emilio Botín	01/10/34	Esp	Infarto	FC
21/09/14	F. Musana	12/10/90	Uga	Infarto	FC
25/09/14	P. Aparicio	04/10/42	Esp	Infarto	FC
04/10/14	Jean-Claude	03/07/51	Haiti	Infarto	FC
15/11/14	V. Mezague	08/12/83	Cam	Infarto	
03/12/14	J. Barrot	03/02/37	Fran	Infarto	FC
07/12/14	K. Weatherwax	29/09/55	USA	Infarto	FC
07/12/14	G. Mango	06/11/54	Italia	Infarto	FC
14/11/14	Peter Rajah	01/04/51	Mala	Infarto	
20/12/14	A. Valdiri	14/08/89	Colo	Infarto	FC
03/01/15	Pino Daniele	19/03/55	Italia	Infarto	FC
05/01/15	F. Hilton	10/03/47	USA	Infarto	
18/01/15	G. Patiño	25/07/48	Colo	Infarto	
29/01/15	Israel Yinon	11/01/56	Israe	M. Súbita	
12/02/15	St. Strange	28/05/59	Egip	Infarto	
19/02/15	G. Matute	06/11/52	Perú	Infarto	FC
21/02/15	D.M. Miranda	04/07/36	Bras	Infarto	
07/03/15	E. Chaktoura	29/06/71	Arge	Infarto	
21/03/15	M. Alpuente	23/05/49	Esp	Infarto	
22/03/15	Luis Abreu	05/05/47	Ven	Infarto	FC
26/03/15	J. Renbourn	08/08/44	Ingla	Infarto	

Date	Name	DOB	Country	Cause	FC
07/04/15	J. Capellan	13/01/81	R.D.	Infarto	FC
27/04/15	G. Mertens	02/02/91	Belgi	P. Cardiáco	
11/05/15	M.A. Malharro	11/10/52	Arge	Infarto	
13/05/15	Ras. Larsen	25/11/94	Dina	Infarto	FC
22/05/15	S. L. Tejada	01/11/66	Méx	Infarto	FC
26/05/15	Joao Lucas	25/10/79	Port	P. Cardiáco	
30/05/15	J. Almeida	31/05/49	Méx	Infarto	FC
05/06/15	Tarek Aziz	28/04/36	Irak	Infarto	FC
13/06/15	David Oniya	05/06/85	Nige	M. Súbita	
22/06/15	G. Morales	07/07/52	Esp	Infarto	
22/06/15	L. Antonelli	28/11/41	Italia	Infarto	
03/07/15	Goran Gojic	24/04/86	Serb	M. Súbita	
04/07/15	C. Gavardo	14/07/69	Chil	Infarto	FC
09/07/15	P. Cordero	05/08/35	Chil	Infarto	
12/07/15	Javier Krah	30/03/44	Esp	Infarto	FC
23/07/15	Cirilo Vila	07/10/37	Chil	Infarto	FC
31/07/15	L. Anderson	26/09/47	USA	Infarto	FC
27/08/15	D. Dawkins	11/01/57	USA	Infarto	FC
27/08/15	J. Wesołowski	15/07/48	Polo	Infarto	FC
13/09/15	M. Malone	23/03/55	USA	Infarto	
119/09/5	Julián Ronda	07/06/71	Fran	Infarto	
06/10/15	C. M. Torres	08/10/56	Colo	Infarto	FC
09/10/15	R. Cooper	27/04/75	USA	Infarto	
11/10/15	Jorge Garbett	07/11/54	Para	Infarto	FC
15/10/15	S.Filippénkov	02/08/71	Rusi	M. Súbita	FC
10/11/15	M. S. Román	25/04/38	Esp	Infarto	FC
16/11/15	R. Ferrero	05/04/55	Arge	Infarto	
07/12/15	L. A. Castro	08/05/37	Ven	Infarto	
09/12/15	G. Gruia	02/11/40	Rum	Infarto	
25/12/15	Julián Isaac	27/06/59	USA	Infarto	

25/12/15	P. Srníček	10/03/68	Che	Infarto	
07/01/16	S. Shústikov	30/09/70	Rusi	Infarto	FC
04/02/16	J. M. Cejas	20/04/52	Esp	Infarto	FC
12/02/16	D. D'Onofrio	18/04/53	Italia	Infarto	FC
13/02/16	S. Santrač	01/07/46	Serb	Infarto	
13/02/16	Trifon Ivanov	27/07/65	Bulg	Infarto	FC
15/02/16	Tony Spina	29/03/52	Arge	Infarto	FC
01/03/16	I. Estupiñán	01/01/52	Ecu	Infarto	FC
27/03/16	F. S. Fógel	08/07/49	Arg	Infarto	FC
31/03/16	Zaha Hadid	31/10/50	Irak	Infarto	FC
24/04/16	R. Torres	08/09/56	Méx	Infarto	
03/05/16	Ángel Andrés	23/10/51	Esp	Infarto	
06/05/16	Patrick Ekeng	26/03/90	Cam	M. Súbita	FC
12/05/16	L. Brancoli	14/08/45	Chil	Infarto	FC
06/06/16	Kimbo Slice	08/02/74	Bah	Infarto	FC
07/06/16	Sean Rooks	09/09/69	USA	Infarto	
19/06/16	Nicolás García	24/12/37	Arge	Infarto	
08/07/16	J. P. Laplace	16/01/68	Arge	M. Súbita	
07/08/16	Nini Flores	26/03/66	Arge	M. Súbita	FC
09/08/16	M. Asurmendi	06/03/40	Esp	Infarto	FC
12/08/16	J. P. Miguel	13/01/58	Esp	Infarto	
28/08/16	Juan Gabriel	07/01/50	Méx	Infarto	
04/09/16	Abel Soria	26/01/37	Urug	Infarto	
09/10/16	R. Avilés	15/11/40	Méx.	Infarto	
16/11/16	Daniel Prodan	23/03/72	Rum	Infarto	FC
18/11/16	Kervin Piñerúa	22/02/91	Ven	Infarto	
13/12/16	Alan Thicke	01/03/47	Can	Infarto	
16/12/16	S. Vázquez	31/03/89	Arge	Infarto	FC
23/12/16	Carrie Fisher	21/10/56	USA	Infarto	FC
01/01/17	M. Morales	06/04/37	Ven	Infarto	

08/01/17	J. I. Montoto	28/03/79	Esp	Infarto	FC
23/01/17	D. Grabovski	30/09/85	Ucra	Infarto	FC
17/02/17	L. Rosenwasser	27/08/55	Arge	Infarto	FC
10/03/17	Aníbal Ruiz	30/12/42	Méx	Infarto	
19/03/17	Edg. Bruna	08/02/47	Chil	Infarto	FC
11/05/17	A. Perdomo	06/04/67	Urug	Infarto	FC
15/05/17	F. Ehrenberg	27/06/43	Méx	Infarto	
05/06/17	Cheick Tioté	21/06/86	C.Ma	Infarto	
17/06/17	Jorge Nolasco	26/08/58	Arge	Infarto	
17/06/17	B. Lonsdale	05/08/48	Van	Infarto	
21/07/17	John Heard	07/03/46	USA	Infarto	FC
06/08/17	J.M. Casanova	11/02/51	Esp	Infarto	
26/08/17	Alicia Juárez	09/07/50	Méx	Infarto	FC
09/04/17	Carme Chacón	13/03/71	Esp	M. Súbita	FC
02/10/17	Tom Petty	20/10/50	USA	Infarto	FC
21/10/17	Martin Eric Ain	18/07/67	Suiz	Infarto	
24/10/17	Harry Almela	22/09/53	Ven	Infarto	FC
05/11/17	C. Dammert	17/08/49	Perú	Infarto	
05/11/17	D. Teixeira	24/07/92	Eslo	Infarto	FC
25/11/17	J. O. Mechoso	31/05/55	USA	Infarto	
13/12/17	Warrel Dane	07/03/61	Bras	Infarto	FC
30/12/17	Erica Garner	29/05/90	USA	Infarto	
05/02/18	A.C. de Palma	29/12/63	Esp	Infarto	
06/02/18	Liliana Bodoc	21/07/78	Arge	Infarto	
19/02/18	Daniel Peredo	17/06/69	Perú	Infarto	FC
27/02/18	E. C. «Quini»	23/09/49	Esp	Infarto	
04/03/18	Davide Astori	07/01/87	Italia	P. Cardiáco	
09/03/18	Jung Jae-sung	25/08/82	Core	Infarto	
09/03/18	Oto. Quintana	25/08/82	Col	Infarto	FC
20/03/18	Dylan Mika	17/04/72	N. Z.	Infarto	FC

24/03/18	Marco Solfrini	30/01/58	Italia	Infarto	
25/03/18	Seo Min-woo	08/02/85	Core	P. Cardiáco	FC
26/03/18	Katl Molotov	06/11/76	Chil	Infarto	FC
26/03/18	S. Mavrodi	11/08/55	Rusi	Infarto	FC
08/04/18	M. Goolaerts	24/07/94	Belgi	Infarto	FC
27/04/18	Á. A. Irigoyen	14/03/46	Guat	Infarto	
11/05/18	H. R. Guerra	18/03/66	Urug	P. Cardiáco	
05/06/18	Feng Ting-kuo	24/09/50	Taiw	Infarto	FC
06/06/18	Ralph Santolla	08/12/66	USA	Infarto	
13/06/18	A. Pasillas	16/07/66	Méx	Infarto	
06/07/18	Clifford Rozier	31/10/72	USA	Infarto	
01/08/18	Herbert King	20/06/63	Colo	Infarto	FC
02/08/18	Ed. Maicas	09/11/50	Arge	P. Cardiáco	FC
19/08/18	Pedro Roncal	23/09/62	Esp	Infarto	
02/10/18	Geoff Emerick	05/12/45	Ingla	Infarto	FC
05/10/18	J. Duquennoy	09/06/95	Belgi	Infarto	
21/10/18	Ilie Balaci	13/09/56	Rum	Infarto	
24/10/18	T. Joe White	23/07/43	USA	Infarto	
02/11/18	T. R. Bolaños	01/01/44	Esp	P. Cardiáco	FC
02/11/18	Roy Hargrove	16/10/69	USA	Infarto	
19/11/18	Apisai Ielemia	19/08/55	Tuva	Infarto	FC
27/11/18	B. G. Soto	22/04/60	Méx	Infarto	
23/11/18	Mª I Murillo	05/02/57	Colo	Infarto	FC
06/12/18	Peter Shelley	17/04/55	Esto	Infarto	

Otros casos:

29/03/56	J. C. Borbón	05/01/38	Italia	A. Arma	FC
16/04/73	Nino Bravo	03/08/44	Esp	A. Tráfico	
04/11/76	C. Ubeda	22/09/47	Esp	A. Tráfico	FC
05/02/84	Alf. Borbón D.	20/04/36	Italia	A. Tráfico	FC

26/09/84	«Paquirri»	05/02/48	Esp	C. Toro	FC
30/01/89	Alf. Borbón D.	20/04/36	Italia	A. Nieve	FC
03/12/89	Fdo. Martín	25/03/62	Esp	A. Tráfico	FC
17/08/90	Bruno Lomás	14/06/40	Esp	A. Tráfico	FC
06/04/93	M. Campuzano	24/04/68	Esp	A. Tráfico	FC
30/05/95	Antonio Flores	14/11/61	Esp	Sobredosis	FC
24/05/01	F. J. Urruti	17/02/52	Esp	A. Tráfico	
23/07/04	C. Ordoñez	02/05/55	Esp.	Infarto	
20/08/08	A.Gcía. Luna	24/07/69	Esp	Spanair	FC
25/06/09	M. Jackson	29/08/58	USA	Sobredosis	FC
28/05/11	Ortega Cano	27/12/53	Esa	A. Tráfico	FC
06/06/14	Carlos Montes	03/10/65	Esp	A. Tráfico	FC
20/07/14	Alex Angulo	12/04/53	Esp	A. Tráfico	FC
03/08/17	Ángel Nieto	25/01/47	Esp	A. Tráfico	
01/06/19	José A. Reyes	01/09/83	Esp	A. Tráfico	
18/12/19	Patxi Andión	06/10/47	Esp	A. Tráfico	FC
02/03/21	Casademunt	30/06/81	Esp	A. Tráfico	FC

Observaciones. - Los datos utilizados para los estudios se han confrontado con varias fuentes. Si algún lector detecta un error que pueda probar, agradecemos contacte con el autor para su rectificación en las próximas ediciones. Correo para contactar: biorritmos@antoniomiguel.es.

Anexo 3

Referencias informativas y créditos

Listado de fuentes informativas consultadas, créditos de imágenes y fotografías.

ABC, hemeroteca
alvolante.info
bbc.com
Caracol Radio, Medellín
C. J. Gruenewald, 1983, Tesis
clarin.com
Diego Ravera, 2006, Estudio
cotilleando.com
dailymail.co.uk
depor.com
deportesrcn.com
diario16.com
diezminutos.es
dw.com
El Diario de Cantabria
El rey que no amaba elefantes
elcierredigital.com
elconfidencial.com
eleconomista.es
elespanol.com
elmen.pe
elmira.es
elmundo.es
elnodo.co
elpais.com
emol.com
espiritugay.com
exclusivadigital.com
Federal Aviation Admom. AL
findagrave.com
Hans Schwing, 1939, Tesis
H. Wesibein, 1980, Tesis
hln.be
intrahistoria21.es
Ioannis Fokas, 1990, Tesis
jenesaispop.com
John Edward, 1974
José L. Yepez, 2008
La Nación, Perú
La Tribuna de Cartagena
La Vanguardia Internacional
La Voz de Galicia
laprensa.hn
laprensa.peru.com
lavanguardia.com
leprogres.fr
libertaddigital.com
lostorosdanyquitan.com
M80 Radio
Medical Examiner
meneame.net
mil21.es

Ministerio de Fomento, Es.
minutouno.com
misteri1963.blogspost.com
mituin.com
mundodeportivo.com
Nancy I. Lavizzo, 1980, Tesis
nb1.hu
nuevodiario.es
nydailynews.com
posta.com.mx
publico.es
que.es
quien.net
rambalibre.com
rankia.com
Relojes, Scientific American
revolvy.com
R. Zimmerman, 1978, Tesis
Román J. Cano, 1981, Libro
rubenlenguas.com

sopitas.com
tauromaquias.com
taurusmarketing.com.au
telehit.com
theboot.com
tn.com.ar
uefa.com
us.hola.com
vanitatis.com
Vincent Mallardi, 1981, Libro
voanews.com
Voz de América
vozpopuli.com
websegur.com
wikipedia.org
wikizero.com
wptv.com
xataka.com
zh.wikipedia.org

Imágenes y fotografías, créditos:

Portada:	Anncapictures, Pixabay
Juan Carlos I:	Est. Letonia, Wikipedia,
(contraportada) :	Flickr/valstskanceleja
Biorritmos, gráficos:	Elaboración propia
1a, Tren Alvia:	André Marques, Wikipedia
1b, Tren Alvia accidentado:	Xosema, Wikipedia
2, Charlotte Dawson:	Eva Rinaldi, Wikpedia
3a, Allan Simonsen:	David Merrett, Wikipedia

3b, Aston Martin:	Evoflash, Flickr/Wikipedia
4, Salto de moto-nieve:	Arthur Mouratidis, Wikipedia
5, Cory Monteith:	K. Dos Santos, Flickr/Wiki.
6, Philip Seymour:	Georges Biard, Wikipedia
7, Krissy Brown, W. Houston:	Asterio Tecson, Wikipedia
8, Prince Roger:	Micahmedia, Wikipedia
9, Alex Angulo:	Uribe Kosta, Flickr/Wiki.
10, Jackson Vroman:	STB-1, Wikipedia
11, Mirador de Bergisel:	Veit Mueller, Wikipedia
12, Iván Fandiño:	Gobjccm, Flickr/Wikipedia
13, Bonnieux:	Jddmano, Wikipedia
14, Centro Salud Sitges:	N. Zubizarreta, G. Google
15, Arpad Miklos:	See-ming Lee, Wikipedia
16, Andreas Biermann:	Northside, Wikipedia
17, Simone Battle:	Adam Bielawski, Wikipedia
18, Germanwings, nave:	Sebastien Mortier, Wikipedia
19, Tera Wray:	Luke Ford, Wikipedia
20, Fidel Castro Díaz:	Presidencia de México
21, Ramón Dekkers:	Umi1903, Wikipedia
22, Sporting Cristal:	Scellar, Wikipedia
23, Paco de Lucía:	Cornel Putan, Wikipedia
24, Emilio Botín:	Asqueladd, Wikipedia
25, Carme Chacón:	Gobierno Federal USA
26, Michael Goolaerts:	Jérémy-Günther, Wikipedia
27, Borbones:	Kutxa Photo. Library, Wiki.
28, Alfonso de Borbón:	Angelo Cozzi, Wikipedia
29, J. M. Ortega Cano:	Javier Mediavilla, Wikipedia
30, Alex Casademunt:	Guillem Medina, Wikipedia
31, Flaps:	Onlyyouqj, Flickr
32, McDonnell Douglas:	Gerry Stegmeier, Wikipedia

33, Michael Jackson: Zoran Veselinovic, Wikipedia
34, F. Rivera, «Paquirri»: André Cros, Wikipedia

Anexo 4

Índice temático

Referencia y páginas

Accidentes, capítulo	79
Accidentes, famosos	171
Alfred Teltseher	24, 46
Amplitud de onda, sensibilidad	65
Andrógeno	47
Anhedonia	103
Biocalendario	52
Biorritmología	21
Biorritmos, cálculo	51
Biorritmos, concepto general	13, 19
Biorritmos, gráficos	51
Caso «El Pana»	96
" A. de Borbón y Dampierre	161
" Alex Angulo	90
" Alex Casademunt	169
" Alfonso de Borbón	151
" Allan Simonsen	47
" Alvia, tren, S. Compostela	35
" Andreas Biermann	110
" Andreas Lubitz	113
" Antonio Flores	179
" Arpad Miklos	106
" Caleb Moore	79
" Carlos Montes	91
" Carme Chacón	133
" Carmen Ordoñez	201

Caso Charlotte Dawson		42
"	Clay Adler	117
"	Cory Monteith	82
"	Eduardo del Villar	95
"	Emilio Botín	129
"	Ena Kadic	93
"	F. Rivera, «Paquirri»	190
"	Fidel Castro (hijo)	118
"	Germanwings, 2015	113
"	Iván Fandiño	97
"	J. Mª Ortega Cano	167
"	Jackson Vroman	92
"	Krissy Brown	86
"	Lee Thomson Young	108
"	Manuel Mota Cerrillo	104
"	Michael Goolaerts	135
"	Michael Jackson	182
"	Mike Phillips	92
"	Mindy MacCready	107
"	Paco de Lucía	128
"	Philip Seymour	85
"	Prince Roger Nelson	88
"	Ramón Dekkers	124
"	Renatto Motta	96
"	Simone Battle	112
"	Spanair, 2008	173
"	Tera Wray	116
"	Victor Barrio	95
"	Wang Jian	98
"	Yair Clavijo	126

Ciclo Emocional	39
Ciclo Físico	29
Ciclo Mental	45
Ciclos, combinaciones	61
Ciclos, días críticos	27, 49, 69
Circadiano	22
Colágeno	34
Conclusiones, capítulo	139
Cronobiología	21
Dopamina	41, 42
Emerson	20
Estrógeno	47
Glándula pineal	23
Hermann Swoboda	24
Hipócrates	21
Infartos, capítulo	123
Infradiano	22
LSD	34
Melatonina	22
Michael John Bennett	25, 46
Muertes misteriosas, capítulo	151
Noradrenalina	41, 42
Nucleo Accumbens	41
Prolactina	41
Ralph Waldo Emerson	20
Reacción muscular	27, 33
Relaciones personales	147
Rexford Hersey	25, 46
Serotonina	32, 41
Sexualidad	47

SNC, Sistema nervioso central	21
Sobredosis, muertes por	89
Suicidios, capítulo	103
Testosterona	47
Toreros	95
Ultradiano	22
Wilhelm Fliess	24

www.ingramcontent.com/pod-product-compliance
Lightning Source LLC
Chambersburg PA
CBHW071355210526
45465CB00001B/92